第2版

akira haraguchi
原口 昭

はじめに

一般に「湿原」とよばれている生態系は，水陸の境界に位置する特殊な環境にあり，その特殊な環境に生息する希少な生物種の保全の観点から，またここに保持された豊富な水資源の水理・水質環境の調整の観点から，あるいはここに蓄積された泥炭などの有機質土壌による地球の炭素循環の調節などの観点から，さまざまな機能をもつ。このような湿原は，近年人間による開発などさまざまな攪乱を受け，その姿を大きく変えつつある。湿原は微妙な水陸の環境のバランスによって成り立っているため，人間活動の影響をとくに受けやすい生態系であって，その保全の重要性が深く認識され，さまざまな方面から保全活動がさかんに行われている。しかしながら，湿原の重要性が認識されるようになったのは，少なくとも日本においてはごく最近のことであり，日本の湿原に関する研究の蓄積もけっして十分であるとはいえない。湿原の生態的役割や環境調節機能の重要性が認識されるようになってから，日本でも多くの研究者が湿原に目を向けるようにはなったが，湿原の多様な機能を総合的に解析し，これを自然科学的基盤に基づいた保全に結びつけようとする研究は現在もなお十分であるとはいえず，貴重な湿原保全のために基盤となる研究成果のいっそうの蓄積が必要とされている。

本書では，実際に筆者や，筆者が共同研究者とともに行った研究をもとに，モノグラフ的に個々の湿原の紹介を行う。個別の湿原の紹介のなかで，これまでの研究成果をレビューしつつ，湿原のおかれた状況とその問題点を整理し，保全に関する意見を述べたい。あくまでも筆者が研究にかかわった湿原を中心としているため，日本の主要な湿原の紹介とはなっていないが，なるべく多様性に富んだ日本の湿原の特徴がわかるよう努めた。最先端の解析技術を使って行った研究ではないので，研究の技術的な手引書とはならないかもしれないが，筆者がそれぞれの湿原のもつ問題をどのような観点でとらえ，それに対してどのようなアプローチで研究を行ったのかをいくらかでも理解いただけることを期待して本書を執筆した。

なお，本書の執筆にあたっては，先行する「海洋と生物」誌への連載『日本の湿原』の段階から，生物研究社の方々に助言や励ましの言葉をいただきました。ここに深く感謝の意を表します。また，本書で紹介した研究を行うにあたって，現場や研究室で協力いただいた方々，また研究資金の援助をいただいた多くの助成団体に感謝の意を表します。

初版が発行されてから10年が経ち，本書で取り上げた湿原をとりまく状況もかなり変化しました。その間に得られた研究成果を書き加え，第2版として出版することができたことは，微力ながら日本の湿原研究に貢献していることが実感でき，大変喜びを感じています。本書では，個人研究のほか，研究チームの一員として行った研究の成果を紹介しましたが，研究を援助していただいた方々に，あらためて感謝の意を表します。（2023年3月 追記）

目　次

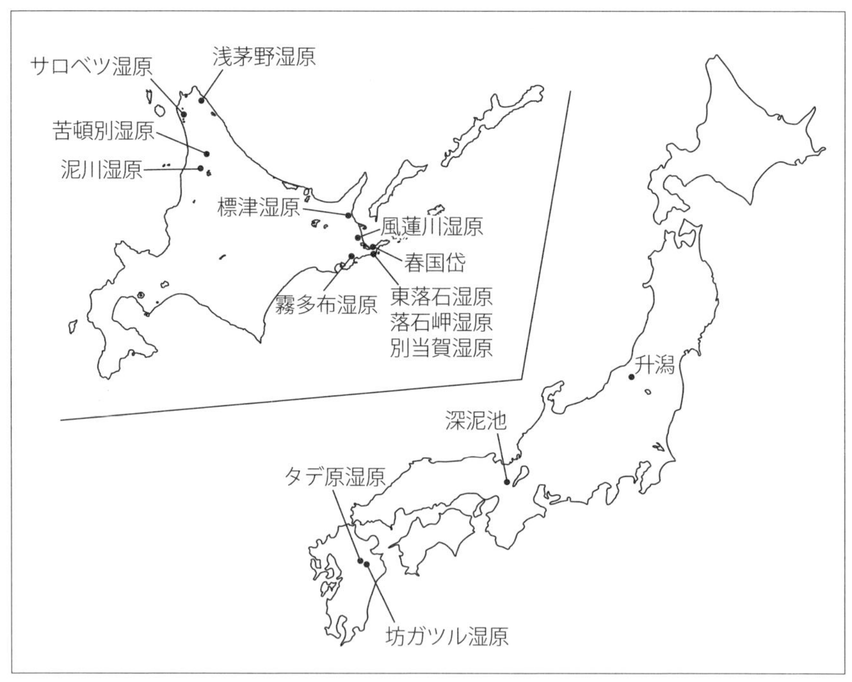

本書でおもに扱う北海道と本州および九州の湿原の位置

Wetlands of japan

序章

Introduction

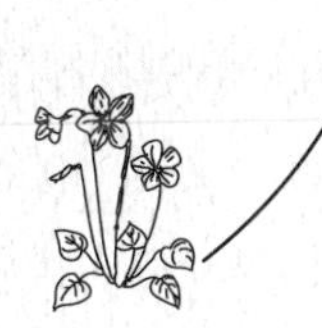

日本の湿原の価値とその機能

1. 湿原の研究

湿原は，生物種の保全や水理・水質環境の調整，あるいは地球上での炭素循環の調節など多様な機能を有する生態系であり，人間活動の影響をとくに受けやすい生態系である。いま，その重要性が深く認識され，さまざまな方面からの保全活動がさかんに行われている。

筆者は，長く湿原を対象に，とくに湿原の化学的環境と生物群集との関連性について研究を進めてきた。とはいうものの，けっして大きなプロジェクトとして多方面からの総合的な研究を行ったわけではなく，自分なりの切り口で，なかば自己流で湿原の生態的な機能の一部をあきらかにしてきたので，筆者の研究成果がそのまま湿原の保全に直結するとはいいがたい。さらにいろいろな切り口での研究成果が加わってこそ，初めて保全の方向性が探れるのであろう。しかし筆者の研究の切り口は，ある意味では，これまで個別に扱われてきた生物群集に関する研究と化学的環境に関する解析を同時に行い，これを結びつけて議論するという研究手法をとっているので，少なくともこれまでの個々の研究から総合的な研究へと一歩前進させることができたのではないかと考えている。湿原を保全する必要があるのかどうかについて意見はさまざまであろうが，筆者自身はこのような研究を進めるなかで，湿原のもつ機能の重要性を強く認識し，保全の必要性をたいへん強く感じている。湿原の保全に関して，筆者や筆者の共同研究者が行ってきた研究がいかに貢献できるのか，さらに残された課題はなにか，ということをここで総括し，多彩な視野をもった読者の方々から批判や意見をいただくことができれば，より保全に貢献する研究へと発展するのではないかと期待して，本書を執筆した。

本章では，まずは湿原とはなにか，湿原のもつ価値はなにか，日本ではこれまでどのような湿原研究がなされてきたのか，などについて基礎的な概要の解説を行う。

2. 湿原とは

湿原の保全が叫ばれるようになって久しいが，湿原という用語の定義についてはまだまだ統一された見解が得られていない。そこで，湿原の話をする前に，湿原，およびこれに関連した用語の定義から始めなくてはならないであろう。

そもそも「湿原」という学術用語はなく，一般的に用いられている名称である。したがって，厳密な「湿原」の定義を求めるのは意味がない。近年，これに代わって用いられている用語に「湿地」つまり，「ウエットランド」があるが，これもまた異なった意味あいを有するので，筆者はここであえて「湿原」という用語を用いたい。これは，湿原の概念を「湿地」という広範なものから限定して用いたいという理由と，単なる湿地という土地ではなく，そこに生活している生物をも含んだ生態系として表現するために「湿原」という用語を用いたいという 2 つの理由によるものである。いささか学問的ではないという批判を受けるかもしれないが，このような意図をまずはご理解いただきたい。

そこで，まず広義の「湿地」の概念から説明することにしよう。湿地という用語は，よく知られたラムサール条約，すなわち，「特に水鳥の生息地として国際的に重要な湿地に関する条約（Convention on Wetlands of International Importance especially as Waterfowl Habitat）」において正確に定義されている。このラムサール条約は，「特に水鳥の生息地として国際的に重要な湿地及びそこに生息・生育する動植物の保全を促し，湿地の賢明な利用（wise use）を進めることを目的」として，1971 年 2 月 2 日，イランのラムサールで開催された「湿地及び水鳥の保全のための国際会議」において締結され，1975 年 12 月 21 日に発効した国際条約であり，2023 年 3 月現在，締約国（地域）数 172 ヵ国，条約湿地数 2,471 湿地，条約湿地の総面積は 256,192,356 ha となっている。現在，日本では，53 湿地，155,174 ha が登録されている。とくに，2005 年の第 9 回締結国会議の際には，わが国を代表する多様なタイプの湿地を登録するとの方針のもと，マングローブ林，サンゴ礁，地下水系，さらには水田を含む沼地，アカウミガメの産卵地などこれまで登録されていなかった形態の湿地を条約湿地に指定した。

ラムサール条約では，湿地は「天然のものであるか人工のものであるか，永続的なものであるか一時的なものであるかを問わず，更には水が滞っているか流れているか，淡水であるか汽水であるか鹹（かん）水（注：塩水のこと）であるかを問わず，沼沢地，湿原（筆者注：原文は fen；フェン，鉱物質涵養性湿原，後述），泥炭地又は水域をいい，低潮時における水深が 6 メートルを超えない海域を含む」とかなり広く定義されている。これを要約すると，陸地で水が存在する場所すべて，および海洋の沿岸域全域が湿地の概念に包含されることになる。したがって，一般にわれわれが湿原と認識する地域はこの湿地のごく一部にすぎない。ラムサール条約における湿地の定義の妥当性はともかく，日本で一般に用いられている「湿原」は，英語の mire という用語で表されるものにひじょうに近い[1)]（**図 1**）。これに類する用語に，peatland（日本語では泥炭地）がある。泥炭とは，分解が進んでいない有機物の堆積層で，植物系の化石資源の一種であるが，地理的，地形的要因により鉱物質の含有量が異なる。そのため，おおよそ乾燥重量で 30％以上の有機物を含む堆積物を泥炭と定義している。この泥炭が一般に 30 cm 以上の厚さをもって堆積している場所を泥炭地とよんでいるが，mire とは，泥炭地の一種で，枯死すると泥炭のもとになる湿生植物（泥炭形成植物）が生育し，泥炭の堆積が進行しつつある場所をさす用語である。したがって，泥炭を採掘している現場のように，泥炭は厚く堆積していても湿生植物が生育していない場所は mire から除外される。一方で，高山帯の高茎草原（お花畑）は，雪融け水や湧水によってうるおされるため湿生植物が生育しているが，土壌中への有機物の蓄積が少なく，一般に「泥炭地」の定義からははずれる。高茎草原は湿原のイメージとはほど遠いが，比較的湿生植物の割合が多い場所であれば基本的には多湿な土壌環境が成立の要因となっているので，土壌－植生相互作用は泥炭地と共通の特色がある。そのため，生態系の機能としてみれば，湿生植物が優占する高茎草原は湿原と同様に扱ってもよいであろう。

フィンランド語には，このような複雑な議論をすっきりと区分する用語が存在する。それは suo という用語で，mire と，湿生植物が優占するが泥炭形成が進んでいない場所を合わせたものである。国名のフィンランドのフィンランド

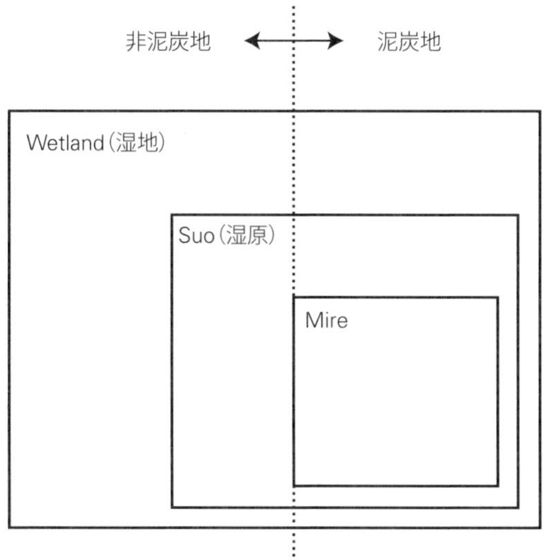

図1 湿原と湿地に関する概念図（Joosten and Clarke[1] をもとに一部改変）
「湿原」は「湿地」の一部であるが，植生をともなう泥炭地であるmireの概念よりはやや広く，泥炭形成の有無にかかわらず「泥炭形成植物が主たる構成種となっている湿地」が「湿原」にもっとも近い概念である。フィンランドの分類では，このような湿地はsuoとよばれている。

語名であるSuomiは，このsuoに由来するものである。もちろん日本ではこの用語は使われていないが，たとえば先の湿生植物が優占する高茎草原や砂丘間湿地（19ページ参照）のような泥炭形成植物が生育するものの泥炭の堆積がわずかであるような場所，あるいは湖の沿岸帯で湿生植物が優占する場所もsuoの概念に含めるのが妥当と思われるので，筆者はこのsuoに相当する場所に「湿原」という言葉を用い，泥炭形成の有無にかかわらず「泥炭形成植物が主たる構成種となっている湿地」をその定義としたい。いずれにしても，「湿原」は，単なる地理的な場所や土壌，植生そのものを単独で表すのではなく，生物とこれをとりまく土壌や水圏環境を含む生態系をさす用語である。

3. 湿原の価値・機能・魅力

近年，湿原の保全は当然のことのように扱われているが，わが国では最近までほとんど意識になかった。1993 年 6 月に，第 5 回ラムサール条約締結国会議が釧路で開催されたのをきっかけに，日本でも湿原を含む湿地の保全が広く一般に認識されるようになった。それまでは，もちろん一部では湿原の重要性はすでに認識され研究も行われていたが，森林などにくらべるとマイナーな分野で，保全というよりいかに湿原を活用するかが研究の中心になっていた。湿地の活用をまったく否定するわけではないが，現在の湿地の活用にかかわる研究は常に賢明な利用を意識したものであるので，以前の開発のみを目的とした研究とは性質を異にするものである。

そもそも湿原は「谷地（やち）」とよばれ，現在もなお地名に「谷地」を残すところも多い。谷地とは利用できない湿地という意味であり，人間にとっては厄介な場所と意識されていた。利用する立場からすると，扱いにくい土地であることは確かである。このような厄介な土地を人間が利用できるようにした改良技術は当然高く評価されるものである。しかしながら一方で，湿原は利用しにくい谷地どころか，きわめて多様な価値をもった場所であることが徐々に認識され，現在では保全と賢明な利用が前面に出されるようになった。

湿原の価値に関してはさまざまな項目をあげることができるが，ここでは湿原がほかの生態系と比較してとくに重要性が高い点について述べる。第一に「希少生物種の生育場所としての価値」があげられる。湿原は，陸域と水域の境界に位置する生態系であるため，陸域と水域の特徴を同時に有するとともに，これらが混合したまったく異質な環境を有している。ここに生息しようとする生物は，湿原という特殊な環境への特別な適応をせまられた。最終氷期から現在までに起きた気候変動，なかでも気温の上昇により，温暖な低緯度地域に生息する生物が高緯度地域に向かって生息域を拡大していった。このように生物相が変遷するなかで，湿原は陸域とは異質な環境であったために，温暖な地域から移動してきた生物の侵入を阻んできた。したがって，湿原には，その周囲の陸域と比較すると，より寒冷地に分布している生物が多数生息している。

また，地表面に水が存在するか否かは土壌環境，とくに土壌（すなわち植物が根ざす根圏）の酸素の供給状態に大きく影響する。つまり，地表面が冠水していない状態では根圏に十分酸素が供給されるが，冠水すると急速に根圏への酸素供給速度が低下し，冠水に弱い植物は根腐れを起こす。陸域ではほとんど冠水することがなく，また水域ではほとんど渇水することがなく，どちらも土壌環境は比較的安定しているのに対して，水陸の境界にあって冠水と渇水を繰り返すような湿原の土壌環境は化学的に著しい時間変動を示す。さらに，湿原表面には数 cm から数十 cm の標高差をもつ凹凸（微地形とよぶ）が複雑に発達しているため，土壌環境は空間的にもきわめて異質になる。このように，水環境の変動にともなって土壌環境も時空間的にきわめて多様になることが湿原の環境の１つの特色である。環境が多様であるということは，それぞれに適応した多数の生物種が生息できる場が提供されているということであり，これが湿原の生物多様性をうむ一因になっていることは事実である。これらの生物のなかには，湿原でしか生息できない希少種も多く，絶滅危惧種の保全を含めた「生物多様性の維持」の面からも湿原のもつ価値は高い。

さらに，湿原は，「地球環境や地域環境の調節系」としての価値を有している。こと地球環境変動との関連において，湿原の重要性は広く一般に知られるようになった。排水，泥炭の採掘，乾燥化にともなう火災の発生によって湿原の泥炭が分解されれば，二酸化炭素やメタンといった温室効果ガスの大気中への放散を促進し，地球環境変動に拍車をかけることは事実であろう。一方で，泥炭形成が促進されれば大気中の温室効果ガスの固定化・封じ込めにつながり，温室効果ガスを調節する意味で効果が期待される。このような観点から，泥炭形成植物を利用した緑化も検討されている。さらに，湿原は水が通過する場所であるので，湿原植生と水との相互作用により，水質に変化が生ずる。とくに，栄養塩濃度の高い水が湿原を通過する際には，栄養塩が植物に吸収され，これが泥炭として堆積するため，栄養塩の除去につながる。もともと貧栄養な環境で優占する植物種が多いため，過度の栄養塩負荷は湿原植生の破壊につながるが，水環境の調節系としての湿原の機能は重要であり，湿原を利用した水質浄化もさかんに検討されている。

もう１つ忘れてはならないのは，湿原のもつ「美」であろう。もちろん，森林

図2　尾瀬ヶ原
わが国の代表的な湿原である尾瀬ヶ原には，bog（本文10ページ参照）が広く分布している。また，池塘（ちとう）や浮島などの湿原特有の微地形が発達しているのも特徴である。

も，河川も，海も美しい。そのなかにあって，あまり接することがない自然という意味で，湿原は特別な価値をもっているように思う。尾瀬ヶ原（**図2**）に代表されるように，湿原はだれしもが見たくなる自然であり，そういった湿原が存在し，これからも維持されていくだけで価値がある。

4. 湿原の分類

湿原の分類は，各国さまざまな体系で行われている。気候や地質の条件によって成立する湿原の特性が異なるため，なかなか国際的に統一された基準をつくることは難しい。このような事情のなかで，涵養（かんよう）性，すなわち湿原に供給される水の供給源，経路と湿原への栄養塩の負荷量を基準として湿原を分類するのが，もっとも一般的で広範に適用可能な方法である。ただし，湿原の栄養性（あるいは肥沃度）は，単に湿原に供給される物質の量（速度，フラックス）のみによって決定されるのではなく，湿原土壌（泥炭）の中での有機物分解とこれにともなう栄養塩回帰の速度にも依存する。そのため，栄養塩負荷量が少

図3　インドネシア中央カリマンタンの泥炭湿地林
泥炭の分布は亜寒帯と熱帯地域に集中しているが，熱帯泥炭地には森林が発達し，泥炭湿地林を形成している。泥炭層は比較的厚く，場所によっては10～15 mの厚さになる。

ない湿原，たとえば，降水のみによって涵養されている湿原（降水涵養性湿原）だからといって一次生産速度が低いとは限らない。その証拠に，熱帯地域の降水涵養性湿地には，樹高25 mを超える立派な森林が成立している（**図3**）。熱帯地域と亜寒帯地域を同じ尺度で比較するのは無理があるが，少なくとも同じ気候帯であれば，栄養性は湿原の特性を決める主たる要因となっている。したがって，ここでは国際的に比較的広く用いられている栄養性に基づく湿原の分類について紹介しよう。

まず，もっとも栄養性の高い湿原は，fenとよばれる（**図4**）。fenの植生は，ヨシやハンノキが優占する群落で代表される。釧路湿原は，ほとんどがfenで構成されている。fenは一般に集水域をもち，集水域から直接，あるいは河川の氾濫により水と栄養塩が供給される。富栄養で，かつ土壌が大きく酸性に傾くことがないため一次生産速度が高い一方で，泥炭中での微生物活性も高く，有機物分解速度も高い。したがって，泥炭の堆積速度はさほど高くない。場合によっては泥炭の堆積がほとんどみられないところもある。fenでは泥炭層が比

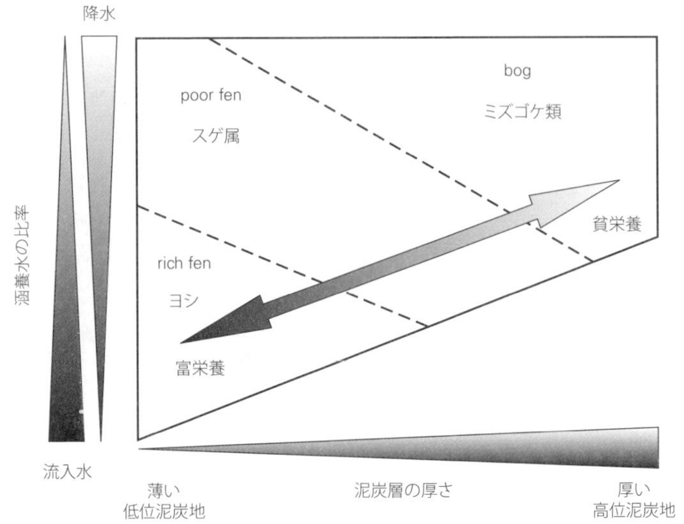

図4　栄養性に基づく湿原の分類に関する概念図
泥炭層が薄く，相対的に標高が低い泥炭地では，一般に河川の氾濫などによる集水域からの栄養塩の流入量が多く，栄養性が高いrich fenが形成されるが，集水域をもたない湿原では栄養性の低い降水による水の供給量が相対的に多くなり，泥炭層の下にある鉱物質層からの栄養塩供給を受けるやや貧栄養なpoor fenが形成される。泥炭層が厚くなり，盛り上がりが形成されると，集水域からの栄養塩の供給量が少なくなり，鉱物質層からの栄養塩供給も受けなくなるので，貧栄養なbogが形成される。

較的薄いため，泥炭層の下から鉱物質層の岩石が風化して生じる栄養塩の植生への供給も多い。さらに，比較的栄養性が高いfenをrich fen，栄養性が低いfenをpoor fenと区別する。rich fenでは先に述べたようにヨシやハンノキが優占するのに対し，poor fenではスゲ属植物が優占する。ただし日本ではまだ湿原の分類が完成していないため，rich fenとpoor fenとの違いは明確に区別されているわけではない。

一方，栄養性の低い貧栄養な湿原はbogとよばれ，ミズゴケが優占する湿原である。ミズゴケ類についての分類学的な紹介は後に行う（174ページ）が，本書ではとくに種名を限定しない場合，ミズゴケ属の総称として「ミズゴケ」を用いる。尾瀬ヶ原にはbogが広く分布している（**図2**）。bogは集水域をもたな

図5　フィンランドのaapa湿原
一見貧栄養なbogのように思われるが，集水域から栄養塩が供給されて成り立っている湿原なのでfenに分類される。stringとよばれる筋状の盛り上がりが，斜面勾配に対して垂直な方向に向かって発達していることがaapaの特徴である。図中，矢印で示した方向（すなわち，stringに対して垂直な方向）に水が流れ，矢印の根元周辺が集水域となっている。

いか，あるいは河川からの水の直接的な供給がない（河川から隔離された）場所，すなわち水の供給源としては栄養塩濃度が低い降水のみに依存している場所に成立する。一般に，泥炭層が厚く（3～5m）堆積しているため，泥炭層の表層に成立する植物群落は，基底の鉱物質層からは完全に隔離されている。ミズゴケはこのような貧栄養な環境でも生育でき，貧栄養環境であるわりには一次生産速度が高い。さらにミズゴケは，細胞壁がもつ高いプロトン交換能（水素イオンが金属陽イオンと交換して，溶液中に放出されるはたらき）とミズゴケ酸の生成により酸性環境を形成するため，枯死した植物体の分解速度が著しく低いという特徴をもつ。したがって，貧栄養ではあるが，有機物分解速度が低いため，比較的泥炭の堆積速度が高いのが特徴である。

北欧などの寒冷地では，aapaとよばれるfenがみられる（**図5**）。ここではミズゴケが優占し，泥炭水中の栄養塩濃度も日本のbog程度に低いので，栄養状態からみるとaapaはbogといっても問題がない。しかしながら，aapaはあきらかに集水域をもち，ここからの流入水が地表面を流れることによって形成された湿原であるので fen に分類される。寒冷な環境であるため，栄養塩の供給速度が低くても植物に吸収される速度も低いので，相対的に栄養塩が過多の環境が形成される。なお，この aapa には特徴的な筋状の盛り上がり（string）がみられ，表面流の方向（傾斜方向）に対して垂直な方向に同心円的に発達する。尾瀬ヶ原にも同様なケルミとよばれる微地形がみられるが，これも string と同じものであると考えられる。

日本では，従来から fen に対応して「低層湿原」，bog に対応して「高層湿原」という用語が用いられてきた。これらは，それぞれ泥炭層が薄い湿原，厚い湿原という意味で，泥炭層表面の相対的な高さの違いに基づく分類である。同様に，泥炭地に対しては，「低位泥炭地」，「高位泥炭地」という用語がそれぞれに対応して用いられている。いずれも泥炭層の構造に関して的確に表現する用語であるが，先に述べたとおり，植生に対する栄養性に関しては泥炭層の厚さだけが決定要因となるわけではないので，湿原そのものの分類には適当ではない。

5. 日本の湿原研究の流れ

日本における湿原研究は，けっしてさかんであったとはいえない。とくに，湿原，泥炭地が「谷地」という認識であったため，研究の主体はいかにして「谷地」で作物を育てるかということに焦点が絞られていた。湿原の利用が難しい最大の理由は，水が多すぎる，すなわち水位が高いことにある。したがって，湿原を利用するためには，最初に排水をしなくてはならない。そのため，排水のための土木技術の開発が精力的に検討され，多くの成果を上げた。

一方，生態学的な観点からみると，植物社会学的な研究が最初の湿原研究として行われた。植物社会学では，植物群落を「社会」と認識し，植物の社会構造に関して，いかなる種が優占し，この種とほかのどの種が組み合わせをつくって植物群落が形成されているかを議論することによって，植生の分類と，種間の相互関係（同一の群落を構成するか否か）をあきらかにすることが目的である。このような植物社会学的研究から，日本の湿原の種構成や群落のタイプが記録された。

地質学の観点からは，おもに花粉分析を用いた湿原の変遷の歴史を解明する研究が進められた。ここでは，湿原そのものの変遷のみではなく，湿原をとりまく生物群集，とくに森林の変遷を議論することも主要な目的としている。泥炭は未分解の有機物の堆積物であるので，大きな物理的攪乱を受けないかぎり下の層から上の層に向かって新しくなっている。現在の泥炭層のほとんどは最終氷期が終わった約１万年前以降に形成が開始したとされているので，もっとも古い泥炭層は約１万年の歴史を記録していることになる。泥炭層に残された記録のうち，もっとも物理化学的に安定なものは花粉であり，その種と量を調べることで，湿原をとりまく森林の構成種やその変遷が解明される。このような目的で，各地の泥炭地で花粉分析が行われ，日本列島の植生の変遷が解明された。最近では，泥炭を構成する植物遺体や有殻アメーバなどの微生物，プラント・オパール（植物細胞が蓄積した珪酸体が分解されずに土壌に残ったもので，植物種により形状が異なる）などの分析と火山灰層などの時間をはかる尺度となる堆積物，あるいは放射性同位体や安定同位体の分析をあわせて，湿原の変遷に関する議論が進められている。

湿原の土壌や水環境に関しては，古くから湿原の利用の観点から研究されてきたが，生物群集と環境とのかかわりという観点からは，欧米にくらべるとわが国ではたいへん遅れていた。このような環境と生物群集とのかかわり，つまり生態系の解析は，保全の面でたいへん重要な知見を与えるものである。つまり，どのような機構で生態系が維持されているのかという知識をもとにして，その生態系を保全していくには何をどのようにすればよいのかという示唆が与えられる。湿原の場合には，多湿な土壌という特徴をもつので，環境の解析は水を中心に行われてきた。生物に影響をおよぼす要因としての水環境と，生物の活動による結果として形成された水環境の解析が行われているが，多様な日本の湿原においてはこのような研究はまだまだ十分であるとはいえないであろう。

近年は，泥炭への炭素蓄積速度，および泥炭からのメタンや二酸化炭素といった温室効果ガスの放出速度などの測定が活発に行われている。このような生物地球化学的解析は湿原に限って行われているものではないが，湿原，とくに泥炭地は炭素の貯蔵庫であるという認識から，地球環境問題に関する研究の一環として行われている。生物地球化学的解析は，先に述べた水環境と生物群集の構造や遷移との関連に関する研究同様，湿原の保全に直結する研究として位置づけられる。確かに，わが国の湿原における泥炭の蓄積量は，亜寒帯や熱帯地域の泥炭地帯と比較するとわずかなものであろう。しかしながら，わずかな炭素の蓄積であるとはいえ，厚さ 3 ～ 5 m にもおよぶ有機物の蓄積はけっして無視できるものではなく，逆に泥炭の分解は大量の二酸化炭素の大気中への放出につながる。

さらに，日本は火山性の地質を有するため，火山の影響を受けている湿原も多く，湿原の立地はきわめて多様である。このような湿原の多様性は，生物多様性を生ずる一因となる。また，日本の湿原は北欧やカナダの泥炭地とは異なり氷河の影響を受けていないために，生物多様性が相対的に高い。このような特質をもつ日本の湿原を保全する意義は高く，これからもこのような湿原研究は積極的に進める必要があろう。

6. 日本の湿原に関する文献

わが国で出版された湿原に関する書物（論文は除く）は，諸外国にくらべるとまだまだわずかではあるが，特筆すべきものがいくつかある。このなかには，やや古典的となってしまったが現在もなお湿原研究者には必読の書となっている，重要な書物がある。残念ながら，これらの書物は現在では絶版になってしまっているものがほとんどで，簡単に入手できないものも多いが，日本の湿原研究の質の高さを述べる意味で，ここに紹介したい。

重要な湿原に関する書物の筆頭として，阪口豊 著「泥炭地の地学」[2)]（東京大学出版会，1974 年）を紹介したい。書籍名には泥炭地とあるが，広く湿原を対象とし，さらには過去の泥炭地（埋没泥炭）をも扱っており，日本語でありながら，国際的にも高く評価されている書物である。全世界を網羅しているとまではいかないが，周極地域の泥炭地の構造やその成因，遷移に関する情報も細かく紹介されており，きわめて情報量の多い書物である。日本では泥炭地はその分布が北海道や標高の高い地域に限定されているため，前述のように，泥炭地の分類に関する研究はあまり進んでいない。したがって，わが国の泥炭地の特性を評価するうえで，北欧などの泥炭地の分類など基準となる情報が盛り込まれているこの書物は，わが国の泥炭地を考えるうえでたいへん参考になる。

つぎに，鈴木静夫 監修「湿原の生態学」[3]（内田老鶴圃新社，1973 年）を紹介しよう。これは，東北地方のいくつかの湿原の研究成果をまとめた書物である。さまざまな観点からの湿原研究の成果が盛り込まれており，「Ozegahara」[4]（日本学術振興会，1982 年）として出版された尾瀬ヶ原総合調査報告とともに，手法の解説や基礎データの豊富さなどから利用価値の高い書物である。特筆すべきことは，「Ozegahara」が専門の研究者によってまとめられたものであるのに対し，「湿原の生態学」は東京理科大学の生物研究部の活動の成果，つまり専門の研究者が行った研究ではないということである。われわれがある湿原において研究を開始する場合，まずは植生や環境の概況調査から開始するが，湿原はそれぞれ個別に特異な特徴をもっており，また立地や水環境も異なるため，研究対象に適した手法を考えねばならないことがある。この書物は，そのような場合に，貴重な示唆を与えてくれる。

また，湿原に関する一般向けの啓蒙書としては，辻井達一 著「湿原－成長する大地」[5]（中公新書，1987 年）があげられる。この書物は，これまであまり注目されていなかった湿原に一般の人が目を向けるきっかけともなった。副題にあるように，湿原，とくに泥炭地を成長する大地と銘打ち，泥炭層の発達過程などを含めて湿原の特性を，生物学，地質学，農学などさまざまな観点から平易に解説している。日本国内の湿原はもちろん，南米パタゴニアの湿原などにもふれ，筆者の経験がふんだんに盛り込まれており，たいへん興味深く読むことができる。

近年，湿原に関係する書物は多数出版されているが，湿原をさまざまな観点から総合的に扱ったものは，欧米と比較するとわが国ではけっして多いとはいえない。学問的視点が変われば，おのずから湿原に対する見方も変わってくる。現在，多くの分野の研究者が湿原の重要性を認識し，多様な湿原の研究に携わっている。今後，日本でも湿原を総合的に扱った書物が出版されることを期待したい。

7. 日本の湿原

日本はけっして湿原の宝庫なのではなく，また湿原の研究もさかんであるとはいえない。しかし，湿原にはさまざまな機能があり，またその価値は高い。筆者は日本の湿原を知りつくしているわけではなく，まだまだ知らない湿原が多々あるので，日本の湿原の全体像をここで述べることはできない。しかし，日本のいくつかの湿原にしばし足をとめ，数年間にわたる調査・研究を行うなかで，それぞれの湿原がそれぞれ異なった特性をもっていることを実感してきた。筆者はおもに化学的環境と生物群集との関連に関する研究を行ってきた。そのため本書ではこのような生物－環境相互作用の観点から湿原をみていくことになる。この生物－環境相互作用とは生態系の機能の中核をなすもので，湿原の生態系の成立，維持機構を知るうえできわめて重要な基礎的知見である。湿原は特殊な環境にあり，また人為作用を受けやすい生態系であるので，その保全に関してはさまざまな方面からの協力が必要となる。当然，生物－環境相互作用の観点からの基礎的な知見も湿原保全には不可欠であるが，なによりも多くの方々が目を向けることが湿原の保全につながるものと確信している。

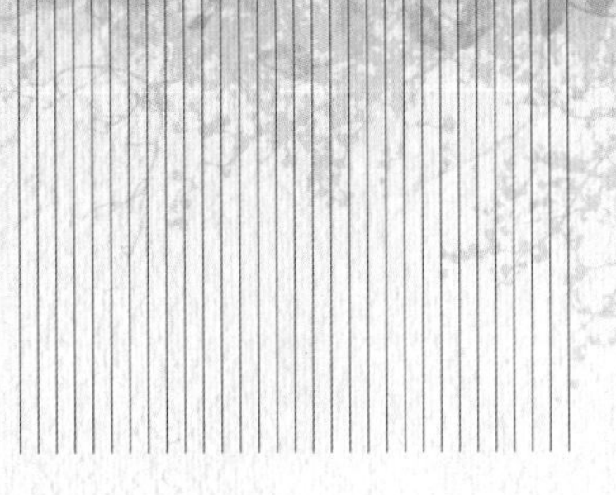

Wetlands of japan

第1章
Chapter 1

海洋と湿原

◉1–1◉　砂丘と塩湿地 — 春国岱 —

1. 春国岱の生物多様性とその要因

春国岱（**図6**）は，北海道根室半島の北側，オホーツク海に面し，風蓮湖とオホーツク海を隔てている陸繋砂州である。長さ 8.0 km，幅 1.3 km，面積 596 ha，標高 5 m あまりの砂丘列を形成している（**図7**）。春国岱はその豊かな鳥類相で有名で，ここで確認された種数は 300 種以上にのぼり，日本で報告のある種の半数以上に相当する。このなかにはクマゲラやタンチョウ，オジロワシ，シマフクロウなどの絶滅危惧種も多く含まれ，これらの営巣地としても重要であ

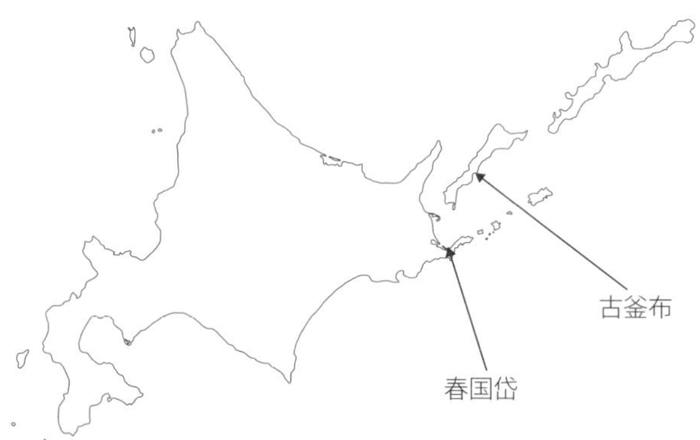

図6　春国岱の位置図
世界に2例しかない砂丘上に成立したアカエゾマツ林は，春国岱と国後島の古釜布にみられる（22ページ参照）。

図7　春国岱の空中写真
春国岱は一部が陸とつながった陸繋砂州で，オホーツク海と風蓮湖を隔てる3列の砂丘列からなる。オホーツク海に面する砂丘列が第一砂丘とよばれもっとも新しく，風蓮湖に面する砂丘列が第三砂丘とよばれもっとも古い時代に形成が始まった。

る。砂丘という地理的な性質上，陸域と海洋との接点にあり，両方の生物相が混合している点が鳥類をはじめとする生物多様性を生ずる1つの要因となっている。湿原は一般に水陸の境界にあって，複雑な水環境をもつ生態系であるが，海洋性の湿原の場合にはさらに海塩濃度という化学性の影響が加わるため，環境がきわめて複雑多様化し，これにともなって生物群集の多様性もさらに高くなる。

砂丘（dune）というと，鳥取砂丘に代表されるような砂質の土性を有し土壌の透水性が高いために乾燥している印象が強いが，よく発達した砂丘には湿地が形成されていることが多い。一般に砂丘の発達が進むと，複数の砂丘列（ridge）が形成される。この砂丘列の間は，標高が低くはっきりした集水域はないが，砂丘の形状が集水域の機能を果たし地形的に水が集まる構造となっている。このような砂丘列の間（dune slack）に湿地（砂丘間湿地）や湖沼が形成されることが多い。海抜高度が低い砂丘間湿地の場合には海水の浸入があるので塩湿地となるが，海抜高度が高くて海水の浸入がない砂丘間湿地は淡水湿地となる。春国岱の場合には，約3,000年前から1,500年前に形成された3列の砂丘列（**図7**）があり，このうち第三砂丘とよばれているいちばん内陸側（風蓮湖側）の砂丘列がもっとも発達している。第三砂丘と第二砂丘との間に塩湿地が発達しており，タンチョウの営巣地にもなっている。

2. 海洋性の湿原

春国岱のような塩湿地を湿原とよぶのには語弊があるかもしれないが，泥炭の形成がみられるか否かは場所により異なるものの，ヨシなどの泥炭形成植物が優占することから，湿原として扱っても問題はないであろう。序章の湿原の分類にしたがえば，塩湿地は富栄養なので fen に分類されるが，塩湿地を含む海洋性の湿原には泥炭が形成されていないものが多いため，単純に fen とはいいきれない。また立地や植生に応じてさまざまなタイプに区分されているので，ここでは海洋性の湿地一般に話を拡張し，Mitsch ら[6]の解説をもとに説明する。

まず，海洋性の湿地といって最初に思いつくものは干潟であろう。干潟は，英語では tidal flat とよばれ，河口や内湾沿岸部に堆積した砂泥が潮汐の干満にともなって干出したり海面下に水没したりする地形と定義されている。干潟では水中の植物プランクトンや藻類が一次生産者として優占しており，陸上にいわゆる湿地性の植物はみられないことから，湿原のイメージからはややかけ離れている。

陸上に植生がみられる場合，それが常時冠水または長時間冠水状態にある堆積物の上に抽水植物（ヨシのように，冠水した土壌に根をはり，地上部が水面から大気中に出ている植物）が生育している湿地を marsh，あるいはヨシなどが優占する swamp という意味で reed swamp とよんでいる。marsh はさらに，海水が冠水する salt marsh，淡水性の freshwater marsh，河口域などにみられる潮汐変動の影響を受ける tidal freshwater marsh などに細分される。marsh では一般には泥炭の堆積はみられないが，耐塩性の高いヨシ（泥炭形成植物）などが優占しているので，植生は湿原に似ている。marsh より水位が高くなると，常時湛水した水域となるが，このような場所を lagoon とよんでいる。lagoon は，河口域のデル

図8　mangroveに生育する樹木の気根（オーストラリア・ケアンズ周辺）
mangroveに生育する樹木は，地下部の根が常に低酸素環境にあるため，大気中に気根とよばれる根を伸ばし，ここから酸素を取り込んで地下部に送る。また，地下部で生成した二酸化炭素やメタンは，気根を通じて大気中に放出される。

タ地帯に形成されることが多く，とくに鳥類の生息地として重要である。

さきに説明したsalt marshが草本の優占する湿地であるのに対して，同じく海水が冠水するが樹木が優占する湿地はmangroveとよばれる。mangroveは海水域から汽水域にかけて広くみられ，潮汐変動の影響を受ける地域に立地する。mangroveは主として熱帯から亜熱帯にかけて分布するが，温帯域にも認められる。mangroveに生育する樹木は，長時間根が冠水状態にあるため，低酸素環境への適応としてさまざまなタイプの気根を大気中に伸ばし，大気から酸素を取り込んで根に送り込み，根の酸素欠乏を緩和している（**図8**）。mangroveと同様に，主として樹木が優占する湿地にswampがある。swampは，日本語では沼沢と訳されるように，湖沼の沿岸帯に発達することが多く，ここの樹木もmangroveにみられるものと同様な適応形態を有している。したがって，mangroveはswampの１形態と考えることも可能である。また逆に，freshwater mangroveという用語が用いられることもあるが，これはswampと同義と考えてよいだろう。熱帯地域には泥炭の形成をともなうswampが分布し，これを

図9　インドネシア中央カリマンタンのpeat swamp forest
東南アジアを中心とする熱帯地域には，泥炭の上に森林が成立したpeat swamp forestが広く分布している。泥炭はしばしば10～15mの厚さに達するため炭素の蓄積量はばく大で，泥炭地の消失は地球環境変動に大きくかかわっている。

peat swamp forestとよんでいる（**図9**）。マレーシアからインドネシアにかけての地域には，peat swamp forestが広く分布しており，泥炭の厚さが10～15mに達する地域もある[7)]。熱帯地域での泥炭，すなわち土壌中の有機物の蓄積量はばく大であり，大気中の炭素量をコントロールして地球環境を調節することからpeat swamp forestは重要な生態系である。本節の主題からははずれるが，近年，peat swamp forestでの農地開発や森林火災によって大気中へ放出される二酸化炭素の量がばく大になっており，地球温暖化に拍車をかけているといわれている[8)]。

このように，海洋性の湿地に対して用いられる用語は多様であり，相互に重複している部分があるので煩雑であるが，いずれも海塩の影響の程度と，成立する植生のタイプにより分類されるものである。

3. 世界に2例しかない砂丘系アカエゾマツ林

アカエゾマツ（*Picea glehnii* Masters；本書では，生物の学名は本文で直接ふれた主要な種についてのみ示す）は，本州北部，早池峰（はやちね）山を南限として，北海道，南千島，サハリンにかけて分布するトウヒ属の針葉樹であり，北海道では北部から東部にかけて多く分布している。材は緻密で良質で，かつては重要な林産資源であったが，現在では大径木は少なくなっている。生態的に特異な性質をもち，もちろん肥沃な土壌条件の場所に生育したものは良好な成長を示すが，蛇紋岩土壌のような栄養性が低く，塩基性が高く，重金属の含有量の多い場所や，火山灰土壌や過湿な環境など栄養性の低い場所にも生育している。このような特殊な場所で森林を形成するのは，これらの環境への適応と他種との種間競争の結果によるものである。また砂丘は乾燥しやすく，広い集水域をもたないために栄養性も低く，さらには海塩の飛散の影響もある特殊な環境であり，春国岱の中でもアカエゾマツ林が立地する場所の１つとなっている。しかし，砂丘系アカエゾマツ林はけっして一般的なものではなく，この春国岱と国後島の古釜布（ふるかまっぷ）にしかみられない。

世界に２例しかないということだけが春国岱のアカエゾマツ林を保全すべき理由ではないが，貴重な存在であることは事実である。しかしながら，ここ十数年来（1997 年現在），立ち枯れしているアカエゾマツが目立つようになった。春国岱と同じくオホーツク海に面する野付半島には，トド原とよばれるトドマツの枯損木（こそんぼく）が林立する砂嘴（さし）があり，この立ち枯れ木がトド原の重要な景観を構成している。このように，枯損木も景観のなかでは価値を有するものではあるが，春国岱の場合には森林に依存した多様な鳥類相がみられるなど，生物多様性の観点からもアカエゾマツ林の保全は必須であり，また再生することの必要性が叫ばれている。

4. 春国岱の森林構造と更新

春国岱はもっとも標高が高い地点でも海抜 10 m 以下であり，きわめて平坦な地形である。陸域であれば 10 m 程度の標高差で植生が大きく変化することはまれであるが，湿地では 10 m の標高差は極端な植生の違いを生ずる原因となる。これが湿地の環境の重要な特質の１つであり，このような環境の複雑さが生物多様性をうむ一因ともなっている。

春国岱の生物相に関してはいくつかの報告があるが，総合的な調査は，「道立自然公園総合調査（野付風蓮道立自然公園）報告書」[9)]としてまとめられている。ここでは，春国岱の植生を，ハマナス，ハマニンニク，コウボウシバが優占する海岸草原，シバナ，ウミミドリ，フトイ，ヨシが優占する塩湿地植生，ハンノキ，ノリウツギ，ヨシが優占する低湿地植生，ミズナラ，シラカンバ，ケヤマハンノキ，ヤチダモ，トドマツ，アカエゾマツが優占する森林の4つに分類している。海岸草原は，春国岱ではもっとも新しい第一砂丘上にみられる植生で，常時海水が冠水しているわけではないが，海塩の影響を強く受けている。塩湿地植生と低湿地植生はともに冠水時間が比較的長い場所に立地しているが，塩湿地植生は直接海水の浸入を受ける場所に，低湿地植生は周辺の集水域からの河川の影響を受ける場所に成立している。春国岱そのものは広い集水域をもたないので，低湿地植生は主として根室半島側の風蓮湖沿岸でみられる。森林は春国岱の砂丘上，なかでも第二砂丘と，もっとも発達した第三砂丘上に立地している。大径木は砂丘の標高がもっとも高い場所にみられる。

植生は外的な土壌などの変化にともなって変遷するが，同時に生物そのものの環境形成作用による内的な変化によっても変遷する。このような変化を生態遷移とよんでおり，安定しているようにみえる生態系でも，徐々に変化している。砂丘特有の地形変化には，砂丘列の移動がある。砂丘列の移動による生物群集の変遷は筆者もオーストラリア西海岸やオランダなどで目にしているが，これもまた自然現象である。

春国岱の土壌を構成する母材は主として堆積した砂層であり，土壌学的には全体が砂丘未熟土に分類されるが，砂丘の頂部と斜面部分ではその構造が相当異なっている（**図10**）。砂丘頂部は文字どおり砂丘特有の砂質の土壌であり，透水係数が高く，いわゆる水はけがよい。これに対し，斜面，とくに斜面下部は火山灰の堆積がみられ，砂ではなくこの火山灰が土壌の母材となっている。北海道東部には阿寒や摩周火山などの活動がさかんな火山がいくつもあり，頻繁に火山灰の降灰を受けている。また，最近の研究では，道南の樽前山からの火山灰が，北海道東部地方の土壌表層にかなり厚く堆積していることがわかっている[10)]。火山灰性の土壌は火山列島の日本では随所にみられるが，北海道東部は

図10　春国岱の土壌
左側の写真は第三砂丘の頂部，右側の写真は斜面下部の土壌断面である。斜面下部には白色の風化していない火山灰層がはっきりと認められ，この地域の土壌が火山灰性であることを示している。

とくに多く，春国岱およびその周辺にも広く分布している。

根室半島には，土壌が火山灰を母材とするものであることを示す黒(くろ)ボク土(ど)が広く分布している。黒ボク土はリン酸を吸着する能力が高いので，栄養性の低い土壌となる。春国岱にも白色の火山灰層の上に真っ黒なA層（土壌層位の最上部にある層で，有機質の腐植を多く含むため，一般に黒色を呈している）をもつ黒ボク土が分布しており，春国岱の土壌が火山灰性であることがあきらかである。白い火山灰層の下層には，さらに黒いA層，その下に白っぽい火山灰層といった層構造が認められ，この地域が何度も火山灰の降灰を受けてきたことがわかる。火山灰の堆積によってすべての植生が破壊されるわけではないが，植生の変化に大きな影響をおよぼしていることは確実である。現在，もっとも表層にある火山灰層がいつの時代のものであるのかは確定されていないが，周辺の湿原の泥炭堆積物の最上層に存在する火山灰層が1739年に噴火した樽前山のものであるとされていることから，春国岱においてもこの樽前山の火山灰がもっとも表層に堆積していると考えられる。春国岱では火山灰性の土壌は砂丘列の斜面下部にみられるが，もちろん春国岱全域に火山灰が降灰し，もともとは頂部にも斜面にも等しく分布していたものと思われる。しかし，時

図11　森林に形成されたギャップ
高木の風倒などにより林冠が疎開すると，林床に光がよく到達するようになり，林床に生育していた稚樹（前生稚樹）の成長が促進される。

間の経過とともに火山灰が斜面上部から斜面下部へと運搬され再堆積したために，現在では斜面下部で火山灰層が厚くなっているものと考えられる。

このように，春国岱では砂丘の頂部には砂丘未熟土が，斜面下部には火山灰性の黒ボク土（ただし典型的な黒ボク土とは異なるので，土壌分類上は砂丘未熟土とするほうが妥当である）が分布しており，いずれにしても栄養性の低い土壌である。栄養性が低く，また砂質で流動しやすいため団粒構造（土を構成している粒子が集まってできた集合体）が発達しておらず，さらにアカエゾマツやトドマツが深くまで根をはらない性質（浅根性）を有しているなどの条件が複合して，春国岱の砂丘上に形成された森林は強風に弱く，台風の通過後には多くの風倒木がみられ，ほとんどの風倒木は，根が土壌からはがれるように倒れているのが特徴である。しばしば白い火山灰の母材の上で根がはく離している状態を目にするが，これは，有機物を含有するA層に根が集中しており，鉛直方向ではなく水平方向に根が広がっていることを示している。

高木が倒伏すると，その場に森林の空所，すなわちギャップが生じ，林床へ到達する光の強度が増す。通常，林床には耐陰性の高い樹木の実生や稚樹が生育しており（前生稚樹），その場の光環境が改善されると同時に急速に成長を開始する（**図 11**）。暗い林床で何年間生存できるのかは樹種により異なるので，ギャップが新しくできて林床の光環境が改善された時にどの種が存在しているかはケースバイケースである。

5. 森林の立地環境とその遷移

春国岱の森林保全に向けて，その基礎となる森林の立地環境について調査を行った。この調査では，森林が成立している場所がどのような環境になっているのかをあきらかにすることが目的で，標高，傾斜，斜面の方位などの地理的環境，降水量，日照量，風速などの気象的要素，土壌，水などの物理・化学的な特性などさまざまな条件を評価する必要がある。春国岱の中にある森林の立地環境を解析するために，砂丘列と砂丘間湿地の環境傾度のなかでもとくに著しい変化を示す土壌と水について調査を行った結果を紹介する。

この調査結果は Nishijima ら[11]により公表されており，土壌の水環境と土壌水の化学的特性に対する樹木の分布について議論されている。調査はもっとも発達した第三砂丘を対象に，南側の風蓮湖沿岸から第三砂丘と第二砂丘の間の砂丘間湿地までの区間に第三砂丘を横断する測線を設定して行われた（**図 12**）。

この測線上の樹木の分布は，風蓮湖岸と砂丘間湿地にみられる塩湿地植生，砂丘上部にみられるトドマツ林（多くは人工的に植栽されたといわれている），およびこれらにはさまれた部分にみられるアカエゾマツ林の 3 つに区分される（**図 13**）。これは，先に述べた野付風蓮道立自然公園調査報告書[9]にも同様な記載がみられることから（24 ページ参照），春国岱でもっとも発達した第三砂丘の，現状における代表的な横断面であるといえよう。塩湿地植生の代表的な構成種は，シバナ，ウミミドリ，ヨシである。トドマツ林にはダケカンバなどの落葉広葉樹が混交するが，トドマツの優占度がきわめて高い。アカエゾマツ林はほぼアカエゾマツの純林を形成し，林床にはエゾイソツツジやコケモモなどがコケ類とともに生育している。以上の樹木の分布調査から，アカエゾマツは，砂丘列の頂部よりも斜面に多く分布していることがわかる。これが第二砂丘になると，第三砂丘より標高が低いため，砂丘列全体に広く分布する。このような分布から，アカエゾマツは乾燥した土壌よりもやや湿った土壌を好む，もし

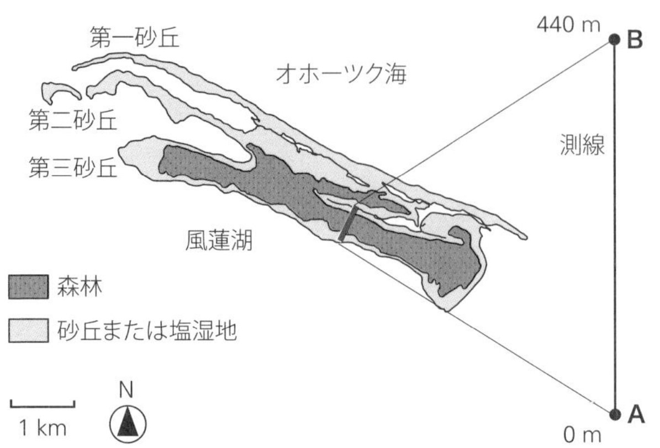

図12　春国岱，第三砂丘に設けた森林の立地環境調査用の測線
もっとも発達した砂丘列である第三砂丘を横断する測線を設定し，測線上の樹木の分布，水位，水質について調査を行った。(Nishijima ら[11]より改変)

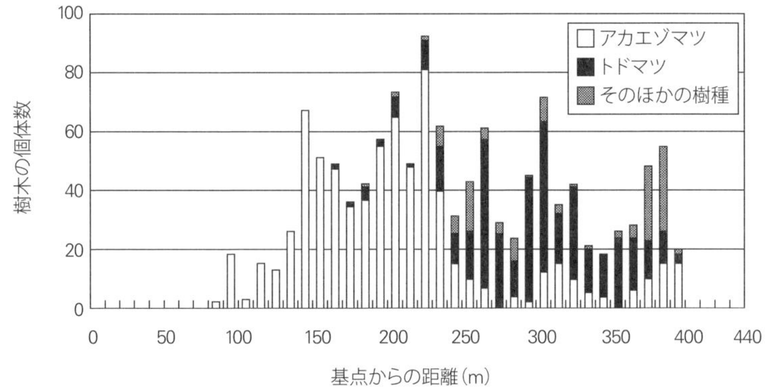

図13　春国岱，第三砂丘における樹木の分布
砂丘列の頂部ではトドマツが，斜面から斜面下部にかけてはアカエゾマツが優占している。そのほかの樹種には，ナナカマド，ハンノキ，ハリギリ，ケヤマハンノキ，ノリウツギ，ダケカンバ，ヒロハノキハダが含まれる。(Nishijima ら[11]より改変)

くはトドマツとの種間競争の結果，より湿った土壌環境のもとで優占するようになったことがわかる。

これをより詳細に水深との関係でみてみると，地形測量と地下水深の測定結

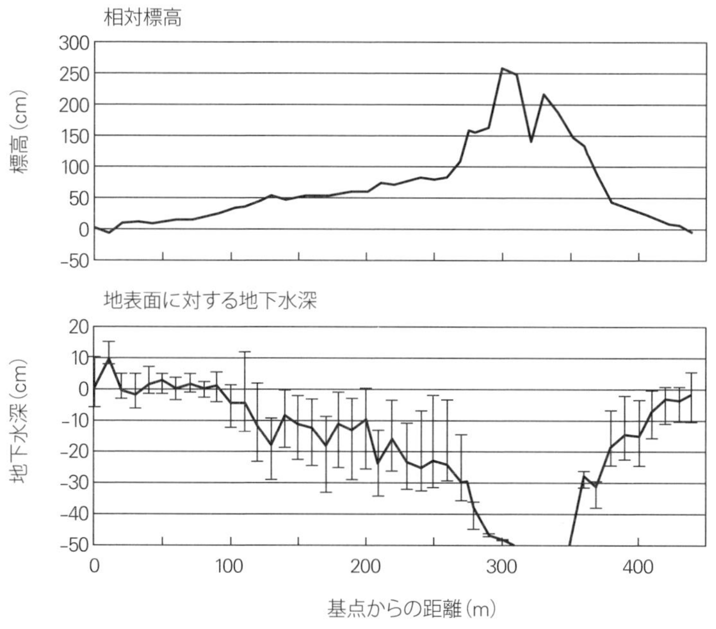

図14　春国岱，第三砂丘における相対標高と地下水深
第三砂丘は中央部が盛り上がり，斜面，とくに風蓮湖側がゆるやかに傾斜している。この地形に対応して，頂部では地下水深が深く，斜面下部では浅い。地下水深は，1997年6月から11月までに行った13回の計測の平均値，最大値，最小値を示す。(Nishijima ら[11]より改変)

果から，アカエゾマツ林は地下水面が土壌表面から10～15 cm下にあるような場所に分布していることがわかる（**図14**）。水深はその変動を含めて評価する必要があり，定期的な計測を行うと，塩湿地植生は地下水面が常に土壌表面付近か土壌表面が冠水しているような環境に成立することがわかる。春国岱の場合には，風蓮湖も海水の浸入がある汽水湖であるため，風蓮湖側の斜面も砂丘間湿地同様に海水の影響を直接受けることになる。これは，化学成分の分析の結果を用いて具体的に後述する。一方，トドマツ林は地下水深が深く，土壌表面付近まで水に浸ることがないような環境に立地していることがわかる。トドマツは地下部（根圏）の冠水に対して耐性が低いので，それが原因であろう。

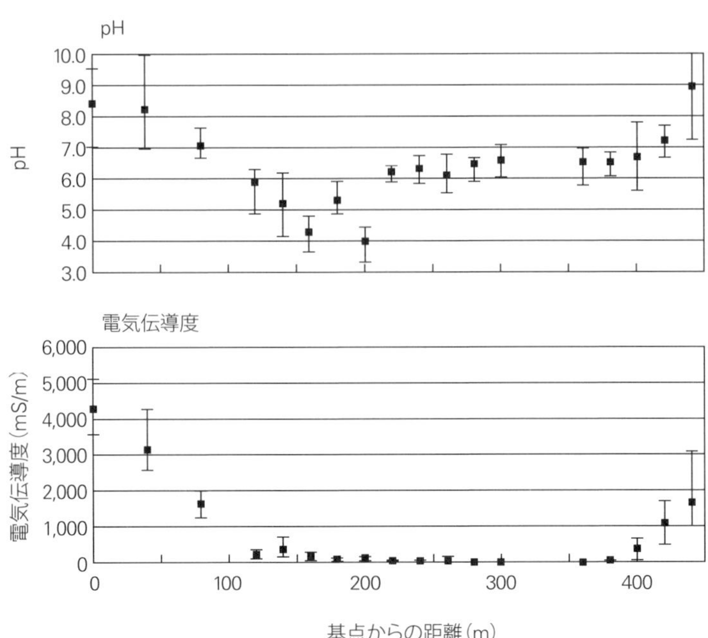

図15　春国岱，第三砂丘における土壌水のpHおよび電気伝導度
アカエゾマツが優占する100～230 mの区間では電気伝導度が低く，淡水湿地であることがわかる。同区間ではpHも低いが，これはアカエゾマツによる土壌の酸性化の結果である。1997年6月から11月までの13回の計測の平均値，最大値，最小値を示す。（Nishijimaら[11]より改変）

アカエゾマツ林の成立するほかの湿原，たとえば落石岬湿原（57ページ参照）などでも，湿原の部分にはアカエゾマツが生育し，周縁部のやや乾燥した部分にトドマツが生育することが多いが，これは両種の水環境に対する耐性の違いによるものであろう。春国岱でもこれと同様の理由で両種の分布が決定されていると考えられる。ただし，種の分布を考察するうえでは種間競争も考慮に入れる必要がある。また，アカエゾマツ林が成立しているのは，斜面でもとくに傾斜がゆるい部分で，ほぼ平坦な地形であるといってよい。このことも，アカエゾマツ林の分布を考えるうえで重要な要素になる。

つぎに，pH（水素イオン指数）と電気伝導度（EC）から土壌水の化学的特性を

比較してみる（**図 15**）。これらは河川や湖沼などの水質をはかる指標として広く使われているが，ここでは海水の影響をはかる尺度として利用した。図には示していないが各種の成分について濃度の測定も行っており，たとえばナトリウムイオン（Na^{+}）や塩化物イオン（Cl^{-}）の濃度は電気伝導度と有意な正の相関を示すため，ここでは詳述しないが電気伝導度を用いた海水の影響評価が妥当なものであることを裏づけている。

標準的な海水は海面で pH は 8.2 前後，電気伝導度は 4,000 mS/m（塩分 3.5％に相当）であるので，これらの値から第三砂丘でのおおよその海水の影響が評価できる。もちろん土壌水中に含まれるさまざまな物質は pH と電気伝導度の値に影響をおよぼすため，単純に評価できるわけではない。しかし，海水の影響を大きく受ける海岸林や砂丘などの場合には，海水の影響を受けない場所と比較して土壌水の電気伝導度が 1 桁以上大きくなるのが一般的なので，春国岱における解析でもこれらの指標を用いるのはとくに問題ないであろう。塩湿地では高い電気伝導度を示し，pH も高いことから海水の直接的な影響が確認されたが，アカエゾマツ林では土壌水の pH は 5.0 前後と低く，電気伝導度も低い。さらにはっきりと読み取れることは，アカエゾマツ林と塩湿地との境界で急に pH と電気伝導度の値が変化するということである。つまり，アカエゾマツ林と塩湿地との境界では土壌環境が急激に変化しており，植生の断続的な境界ともほぼ一致している。

以上の結果から，春国岱においては，アカエゾマツ林は土壌に適度な湿度が保たれ，かつ土壌水が淡水に近い環境に立地していることがわかった。つまり，ここでのアカエゾマツ林は，いわゆる一般に想像される乾燥した砂丘の頂部ではなく，湿地に相当する場所に立地しているといえよう。では，春国岱でのアカエゾマツ林の立地には砂丘は必ずしも必要ではないのだろうか。これはまったく逆で，発達した砂丘があるからこそアカエゾマツ林の成立する環境が形成されるのである。もし平坦な湿地であれば，海水の直接的浸入を受けるため塩湿地になり，耐塩性の低いアカエゾマツは生育できず，耐塩性の高い別の種が優占することになる。これに対し，砂丘が発達し，標高差ができると，そこに降水を受ける小さな集水域が形成される。降水にも海塩が含まれるが，海水と

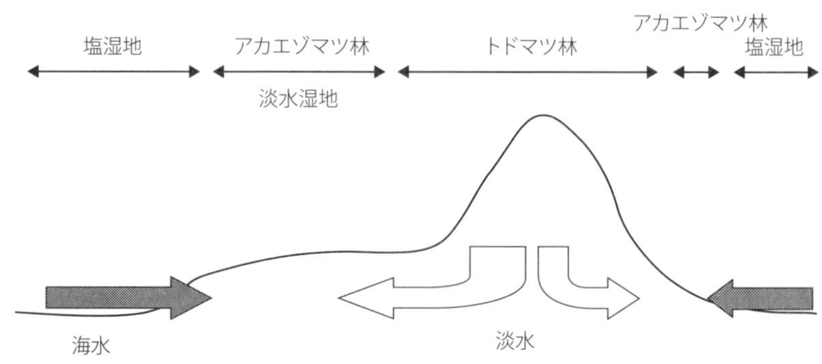

図16　春国岱，第三砂丘における水環境の模式図
砂丘が集水域となり，砂丘斜面に淡水が供給されて淡水湿地が形成される。一方，海水が浸入する部分には塩湿地植生が成立する。このような淡水と海水の境界は発達した砂丘が集水域として機能することによって形成されるので，春国岱のアカエゾマツ林は砂丘なくしては成立しない森林であるといえる。

比較すると低濃度であるので，ほとんど淡水と考えてよい。たとえば，林内雨（林冠を通過して地表面に達する降雨）のpHが3.8～5.0，電気伝導度が3～19 mS/m，樹幹流（林冠で捕捉され樹木の樹皮を流下して地表面に達する降雨）のpHが3.6～4.9，電気伝導度が4～82 mS/mであり，降水の化学的特性からみれば海水の影響は認められるものの，塩分は海水よりはるかに低い。

砂丘上に降った降水は，砂丘列が集水域となって集められ，一部は表面流去水として，また一部は浸透水として標高の低い部分に流れ込む（**図16**）。土壌に浸透した水の動きはまだ十分に解析されているわけではないが，表面流去水も浸透水も標高の低い部分に集まる。とくにアカエゾマツ林が分布する場所は前述のように標高が低くかつ平坦であるため，このような水が滞留しやすい条件にある。したがって，塩湿地からの海水の浸入と砂丘にできた集水域からの淡水の浸入による界面が形成され，土壌の化学的特性に不連続性が生じ，ここを境界として塩湿地植生とアカエゾマツ林が形成されると考察される。このように，発達した砂丘列が存在するからこそ春国岱にアカエゾマツ林が成立しえたのであり，まさに「世界に2例しかない砂丘上のアカエゾマツ林」ということができるであろう。

繰り返しになるが，砂丘への海塩の輸送は直接的な浸入のみではなく，大気を経由しての湿性降下物，乾性降下物も重要である。乾性降下物であれば樹木の葉に沈着し，雨，雪，霧の水粒子に溶解した状態ならば湿性降下物として森林に流入する。海水由来成分は，露地雨（bulk deposition），林内雨（throughfall），樹幹流（stem flow）など，輸送経路ごとに降水を採取し，その体積や塩分を測定することにより定量化できる。その結果，オホーツク海側から吹きつける北西季節風が卓越する冬季に，春国岱の森林および土壌へ海塩の供給量がとくに多くなることが示された。また，土壌中の塩分はその後しだいに減少していく傾向がみられる。海塩が土壌中に蓄積するか否かの収支を考えるにはまだまだデータが不足しているが，少なくともこの観察結果は，降水によって植物体や土壌中から海塩の洗脱（水のはたらきで土壌などに含まれる塩類が除去されること。本書では樹木に沈着した海塩が除去されることにもこの用語を使用する）が起こっていることを示している。先に，砂丘列が集水域となって，降水が砂丘の下部へと流れ，そこで浸入してくる海水との間で境界を形成し，淡水湿地と塩湿地が形成されることを述べたが，標高は5～10 m と低くとも，砂丘列が集水域として機能していることを裏づける事実であろう。

6. 春国岱の今後と保全に向けて

調査を行った当時，春国岱では立ち枯れしたアカエゾマツ（枯損木）が目立つようになり，その保全の必要性が叫ばれた。その原因の1つには台風による風倒などの自然攪乱もあるが，地形の変化，とくに地盤の沈降の影響が大きいといわれている。根室半島の太平洋側は上昇傾向にあり，風蓮湖付近は沈降傾向が認められる[9)]。春国岱付近の一等水準点の標高は，年間7～8 mm ずつ沈降しているという報告が複数ある。地盤の沈降は砂丘へ海水の直接的な浸入を引き起こし，砂丘上の比較的標高の低い場所に分布するアカエゾマツの立ち枯れを促す要因となる。実際，地盤の沈降に起因すると思われる砂丘の地形変化は著しく，砂州の面積が年々減少しているようすが空中写真から判読できる。このような地盤の沈降は自然現象であり，人為的にコントロールすることは困難であるので，春国岱のアカエゾマツ林の衰退は自然の変化として容認せざるをえない面もある。

しかし，アカエゾマツはけっして湿地環境を好むわけではない。トドマツがなければ砂丘頂部にもアカエゾマツが分布する。現にこのようなアカエゾマツの老齢木を目にすることができる。春国岱のトドマツ林の多くが人工林に由来することから考えると，本来のアカエゾマツ林を復元するために，トドマツ林の後継としてアカエゾマツの定着を促進するような人為的操作も場合によっては必要かと思われる。その際に重要になるのが，アカエゾマツはトドマツと比較して湿性環境に対する耐性が高いという点である。砂丘の斜面に遮水壁のようなものを設置し，海水の直接的な進入を防止すると同時に淡水湿地の環境を拡張するような手だてを講ずれば，現存のアカエゾマツ林の維持につながり，さらに人工のトドマツ林から天然のアカエゾマツ林へと変遷が促される可能性が高い。もちろん，このように人の手を加えることに否定的な意見も多いであろう。しかしながら人工のトドマツ林が奪った本来のアカエゾマツ林のニッチを回復させるための人為的操作の必要性は高いと思われる。

1-2　北海道東部の海洋性湿原 — 霧多布湿原 —

1. 海洋性の湿原

寒冷地の湿原は，低温下での低い有機物分解速度が要因となって形成される。したがって，温帯に属する日本では，低地に泥炭地がみられるのは北海道だけであり，本州以南では標高の高い山地帯に限られる。後述（52 ページ）する落石周辺の湿原も海洋の影響を受ける低地の湿原であるが，釧路湿原に代表される沖積(ちゅうせき)平野に発達した湿原は，海洋の影響をより直接的に受けている。この地域には，釧路(くしろ)湿原（18,290 ha）のほか，霧多布(きりたっぷ)湿原（3,168 ha），別寒辺牛(べかんべうし)湿原（8,320 ha），標津(しべつ)湿原（370 ha），風蓮川(ふうれんがわ)湿原（2,310 ha）など多くの海洋性の湿原が分布している（**図 17**）。北海道北部のサロベツ湿原（6,660 ha）や浅茅野(あさじの)湿原（9 ha）もこれと同様な立地にある。また，北海道中央部にある現在ではほとんど農地に転換された石狩泥炭地もこれに属する。

これらに共通するのは，河川の後背湿地に成立した湿原であるため，その生

図 17　北海道のおもな海洋性の湿原
北海道東部と北部には，海洋性の湿原が分布している。これらの湿原は沖積平野に立地し，集水域からの土砂や栄養塩の供給と同時に，海水の直接浸入の影響を受けている。

成に河川が大きな影響をおよぼしている点である。沖積平野をつくる河川は蛇行し，広範囲に後背湿地を形成するため，これらの湿原は比較的面積が広い（図 18）。釧路湿原には釧路川が，本節で紹介する霧多布湿原には琵琶瀬川が流れ，上流の集水域から水や土砂を供給するとともに，河口から上流に向かって海水が浸入し，これらの要因が複合して湿原の形成と維持にかかわっている。本節では，霧多布湿原での研究例を中心に，海洋性の湿原の特徴について解説する。

2. 霧多布湿原の成立

現在地球上に分布している泥炭地は，最終氷期が終わった後，およそ現在から 1 万年前以降に形成が開始されたものである。これは，泥炭を構成する有機物の中に含まれる放射性同位炭素 ^{14}C の測定などからあきらかにされているが，霧多布湿原の場合には形成開始が比較的遅く，4,000 年から 5,000 年前とされており，海水面の変動が関係すると考えられている。すなわち，過去 1 万年における地球の気候変動のなかで，氷期の終了後に気温がしだいに上昇し，これにつれて海水面も上昇した。気温は今から 6,000 年ほど前に最高となり，その後しだいに低下したが，海水面も同じ時期に最高となり，その後低下した。

図18　霧多布湿原
琵琶瀬川の後背湿地に発達した湿原で，河岸にはヨシ群落やハンノキ林が分布している。一方，河川の影響が小さい場所には，ミズゴケを優占種とする貧栄養なbogが発達している。

日本ではこの時期が縄文時代にあたるので，これを縄文海進とよんでいる。縄文海進の時期には現在より気温は1～3℃高く，海水面はおよそ2～5m高かったとされており，現在の沖積平野のほとんどが海面下にあった。その後気温の低下にともなって海水面も低下し，陸地が広がるにつれて，泥炭の形成条件が整っていた北海道の沿岸地域では泥炭の堆積が始まり，しだいに厚くなり，陸地化していった。泥炭の堆積と海水面の低下は土地の乾燥と陸地化をまねくが，霧多布湿原では河川による水の供給があり，また泥炭そのものも保水機能が高いため，現在もなお泥炭の形成が進んでいる。

余談になるが，インドネシア中央カリマンタンなどの熱帯泥炭地では少し状況が違うようである。熱帯泥炭地も沖積平野に発達する泥炭地であり，ここではおよそ1万年前に泥炭の形成が開始されたが，4,000年ほど前に停止し，以後新たな泥炭の堆積はほとんどみられないという報告がある[12)]。すなわち，熱帯地域では海水面の上昇にともなって泥炭層が発達し，海水面の低下とともに泥炭の形成速度も低下し，現在ではほとんど進んでいない。泥炭の発達と海水面変動との関係に関して地球規模での議論を進めるためにはさらにデータの蓄

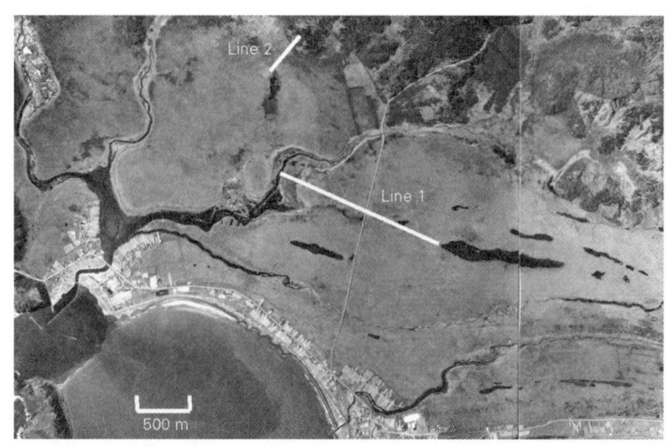

図 19　霧多布湿原の空中写真（1990 年撮影；国土地理院）
霧多布湿原の西部は，琵琶瀬川およびその支流が形成する沖積平野に立地するが，東部には東西方向に伸びる砂丘列の跡と湖沼群がみられ，砂丘間湿地から発達したことがわかる。写真の中央には，湿原を南北に貫く道路（道道，通称MGロード）がある。図中の2本の実線（Line 1，Line 2）は，調査を行った測線を示す。

積を要するが，熱帯泥炭地の発達は海水面の上昇と関係しているといえよう。熱帯泥炭地はとくに有機物の蓄積が多い地域であるので，今後地球温暖化が進んだ場合に海水面の上昇により泥炭の形成速度がどう変化するのかは重要な問題である。泥炭の形成が促進されれば，泥炭のもつ炭素固定能力が大気中の炭素濃度の上昇に対する緩衝機能として期待される。これとは逆に日本の海洋性の湿原では海水面の低下により泥炭化が促されているので，地球全体での環境変化に各地域の泥炭地が共通の効果をおよぼすとはいえないが，今後の地球温暖化に対する緩衝系としての機能は大きいといえよう。

霧多布湿原の場合，琵琶瀬川の後背湿地が湿原形成のきっかけとなったと述べたが，もう1つ，今はないが，砂丘も重要な要因であった。湿原の空中写真を見ると，霧多布湿原のおもに東部に細長い湖沼の列がいく筋もみられ，このことからかつて砂丘列が形成されていたことがわかる（**図 19**）。春国岱も同様であるが，砂丘列間の低地には水がたまりやすく，湿原も形成されやすい。霧多布でも，海水面の低下にともなって形成された砂丘列が防潮堤の役割を果たし，海水の直接浸入を防ぐと同時に陸地側に水を蓄える機能を有し，陸地はより湿潤化する。ここに湿原が形成された後，泥炭層が発達して砂丘列を覆うため砂丘は消滅し，砂丘間にあった湿地はさらに湿潤化して現在の湖沼群となった。釧路湿原やサロベツ湿原などでも同様で，海洋性の湿原の多くはこのような過程で形成されたものであると考えられる。

3. 霧多布湿原の植生

海洋性の湿原の場合，海水と流入河川から栄養塩が湿原へ供給されるため，富栄養な fen が形成される。釧路湿原では，ヨシ群落が優占する fen が主で，貧栄養な bog は赤沼周辺など一部に分布するにすぎない。一方，霧多布湿原では，河川の影響を受ける場所には fen が分布するが，湿原全体の 3 分の 1 ほどがミズゴケの優占する bog となっている点が特徴である。湿原の発達過程では，通常は fen から bog へと遷移する。植生を決める要因には湿原が形成されはじめてからの時間の違いもあるが，bog に移行するかそれとも fen のままとどまるのかは流入する栄養塩の量，河川の流路，流域の地形などにより決まる。霧多布湿原には bog が発達し，かつ fen とこれらの境界には rich fen にみられる植生が混在し，多様性の高い生物群集がつくられているのが特徴であるが，これは栄養塩環境の多様性と関連がある。

霧多布湿原の植生は，大きくミズゴケ群落，ヨシ群落，ハンノキ（*Alnus japonica* (Thunb.) Steud.）林，およびこれらの移行帯にある群落に分けられる[13)]。ハンノキ林は泥炭地に成立する植生で，アカエゾマツ林と並んで北海道の代表的な泥炭湿地林である。霧多布湿原の近くに位置する火散布（ひちりっぷ）には，アカエゾマツ林とハンノキ林が混在し，それぞれの森林が成立する条件を考えるうえで興味深い湿原がある（**図 20**）。これら 2 つの森林の間には明瞭な境界線が存在し，pH などの土壌環境がここで変化するほか，お互い他種の侵入を阻む土壌環境，光環境をそれぞれ形成していることがわかった[14)]。

アカエゾマツ林は林床にミズゴケをともなうことが多いが，ハンノキ林にはそれがほとんどみられないことから判断して，ハンノキ林はより富栄養な環境に成立していることがわかる。このほかにハンノキ林はおもに河川の自然堤防

図20　火散布湿原にみられるアカエゾマツ林とハンノキ林
霧多布湿原付近にある火散布湿原には，アカエゾマツ林（写真上）とハンノキ林（写真下，中央部分）が隣接して存在する。これら2つの森林の境界は明瞭であり，この境界線はそれぞれの森林が形成する光環境や土壌環境の違いがお互いに他種の侵入・定着を阻むことにより形成されている。

やその近傍，あるいは湿原をとりまく丘陵と接する湿原辺縁部に分布することからも，富栄養な環境で優占する森林であることがわかる。近年，釧路湿原ではハンノキ林の急激な増加が問題となっている。その原因として湿原周辺の土地利用の変化があり，具体的には森林の農地化によって河川を介して土砂と栄養塩が湿原に流入することが大きく影響していると考えられている。ハンノキ林は本来，湿原でみられる植生ではあるが，人為的な影響によってその面積が

図21　谷地坊主
カブスゲなどの群落が，土壌や根，リターを堆積しつつ成長して形成された湿地特有の盛り上がった地形で，霧多布湿原ではハンノキ林内でとくに多くみられる。よく発達した谷地坊主には，地表面からの比高が1mを超えるものがある。

異常な速度で増加している点で大きな問題となる。湿原全体の生態系のバランスを崩し，ほかの動植物，たとえばタンチョウの生息にも影響をおよぼしうるということで，釧路湿原の自然再生プロジェクトのなかでもハンノキ林の拡大防止について集中的に検討された。

霧多布湿原では，森林面積の変動はあるもののハンノキ林はおおむね安定しており，釧路湿原でみられるような問題は起こっていないが，この理由の1つに集水域の面積の違いがあげられる。霧多布湿原に水を供給している集水域の面積は，釧路湿原と比較すると小さい。集水域が狭ければそれだけ湿原に供給される水の量も少なくなるので，ある程度の広さの集水域は湿原の維持に必要ではあるが，面積が広くなりすぎると湿原への栄養塩や土砂の負荷量も増える。霧多布湿原の場合には，かつての砂丘列がつくった地形によって湿原内の水が保持され，効率よく湿原の涵養に利用されていると考えられる。

ハンノキ林に関連した植生の特徴として，谷地坊主(やちぼうず)がある(**図21**)。谷地坊主とは，スゲ類の根が密集した株の上に次世代の個体が積み重なるように生育し，根のかたまりを残したまま上方へと成長して形成されるもので，よく発達すると内部が空洞になっていることが多い[15)]。霧多布湿原では，この谷地坊主が多数みられ，その多くはハンノキ林内に存在している。スゲ類は比較的栄養性の高い土壌に限定して生育する。さらに，谷地坊主の中では生きた根は頂部に集中しているため，ここまで水分が到達する必要がある。露地雨や林内雨も水分供給の経路として重要であるが，土壌そのものがかなり湿潤でないと，1 m もの高さの谷地坊主の頂部にまで十分な水を継続的に供給することはできない。ハンノキ林は，周辺の丘陵や，また湿原中央部のミズゴケ群落より標高が低い位置や常に河川の影響を受ける場所にあるため常に湿っており，谷地坊主の形成に適した場所となっている。

現在の霧多布湿原の環境を考えるうえで，流入河川からの海洋の影響のほかに，湿原の中央を貫く車道の存在を無視することはできない。この道路の下を水が通る構造になっているため湿原の水環境への影響は小さいと考えられるが，構造材による化学的影響については問題視する人も多い。道路が湿原におよぼす影響については次節で述べる。

4. 海水の浸入と植生による緩衝帯

ここで，先に述べた湿原への海水の浸入と湿原中央を横断する道路が，霧多布湿原の水環境にどのような影響をおよぼしているのかについて調査した結果を示す[16)]。

この測定では，ミズゴケが優占する bog と道路を横断する延長 1,980 m の測線を設定し，一端は琵琶瀬川河岸，もう一端は湿原内にある長沼に置き，合計 25 地点において計測を行った（**図 19**；Line 1）。その結果，琵琶瀬川河岸では，浸入する海水の影響で pH は 6.8 程度，電気伝導度は 1,600 mS/m と，海水の塩分の約 1/3 の濃度を示した（**図 22**）。この測定地点は，琵琶瀬川河口から 3.0 km 内陸側にあるが，海水がかなり浸入してきていることがわかる。海水の影響は，さらに上流の琴磯橋（河口より 4.6 km 上流；霧多布湿原センター脇）まで確認されている。もちろん，常時これらの地点まで海水が浸入しているのではなく，

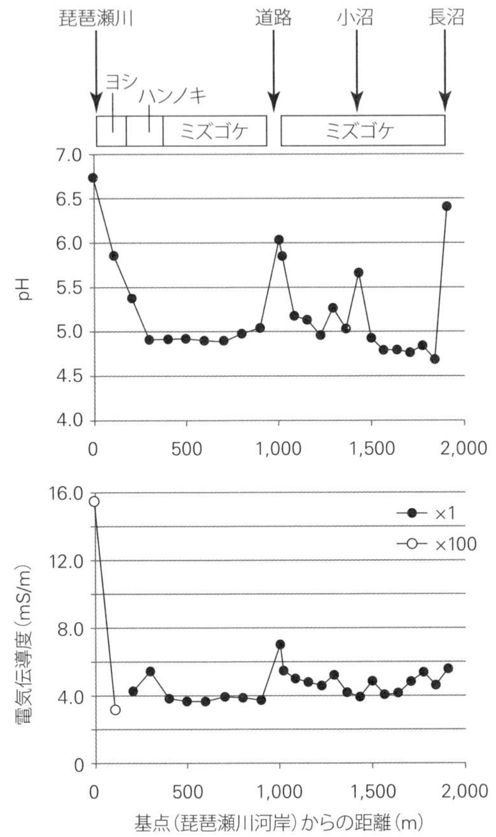

図22　霧多布湿原における表層水のpHおよび電気伝導度
霧多布湿原を流れる琵琶瀬川河岸から長沼を結ぶ1,980 mの測線（Line 1；図19）において測定した，湿原表層水のpHおよび電気伝導度。琵琶瀬川河岸では，海水の浸入の影響でpHおよび電気伝導度が高い値を示すが，緩衝帯としてのヨシ群落，ハンノキ林を隔てた湿原中央部分にはbogが発達し，貧栄養な環境が維持されている。湖沼の水は比較的高いpHを示すが，これは地下水の影響と考えられる。さらに，湿原中央を横断する道路の近傍で，pHおよび電気伝導度が高い値を示している。

潮位変動でその度合いは大きく変動するが，少なくとも一定時間浸入することは事実である。

琵琶瀬川河岸にはヨシ群落が密に発達している。後述するが，ヨシは耐塩性の高い湿生植物として知られており[17)]，ほかにも乾燥，冠水，酸に対して耐性がある（200 ページ参照）。海水が直接浸入する琵琶瀬川河岸のヨシ群落内では，湿原中央部と比較して pH と電気伝導度が高い。河岸から遠ざかるにつれてこれらの値はしだいに低くなり，淡水環境になる。ヨシ群落と湿原中央部との間にはハンノキ林が分布し，ここでは pH や電気伝導度がやや高い値を示すが，海水の直接的な影響は認められない。河口に近い部分では，比較的長時間の海水の浸入がみられるので，ヨシ群落の存在は湿原を海水から遮蔽する，すなわち緩衝帯の役割を果たしており，重要である。この上流では海水の浸入の影響は小さくなり，河岸にはハンノキ林が成立している。ハンノキ林は，河川により運搬される栄養塩を吸収し，湿原内の貧栄養状態を保つ，いわば富栄養化の緩衝帯としての機能をもつ。ヨシ群落やハンノキ林はともに貧栄養な bog の維持に不可欠なものであるといえよう。

湿原中央部に発達するミズゴケ群落内の水質は安定しており，pH は 5.0 前後，電気伝導度は 4.0 mS/m 程度である。電気伝導度は海洋の影響が少ない内陸性のミズゴケが優占する湿原での一般的な値の 1.0 ～ 2.0 mS/m と比較するとかなり高い値であり，bog としては栄養性が高く，rich fen に近い植生がみられるが，海塩の影響があることを考えると，pH や電気伝導度が高い値を示してもこれがすぐに富栄養な環境と結びつくわけではない。

ミズゴケ群落内の水質は安定しているが，いくつか例外がある。その 1 つが道路の周辺である。調査測線上の 1,000 m 地点が道路を横断する場所であるが，その近傍で pH と電気伝導度が高い値を示している。とくに pH が 6.0 程度の値を示しているのはコンクリートなどの建設資材によるものと考えられる。湿原では，泥炭に含まれる腐植酸などの影響で土壌が酸性化しているため，コンクリートの溶解が起こりやすい。幸いこの影響は道路のすぐ近傍のみにとどまっているが，それは泥炭がコンクリートから溶出したカルシウムなどの陽イオンを吸着し，代わりにプロトンを溶出させて低い pH を保つような緩衝機能がはたらいているためである。緩衝機能が限界を超えると急速に道路を中心に pH の高い範囲が広がったり，溶出する塩類によっては富栄養化することが予想されるので，道路の存在は湿原に対して何の影響も与えていないとはいえないであろう。

もう1つの例外が，湿原の中の湖沼である。一般に，ミズゴケ群落の中にある湖沼（池塘（ちとう）とよぶ）は，ミズゴケ群落内の水と類似の水質を示す。代表的なbogである尾瀬ヶ原で測定した結果でも，池塘の水質は低いpHと電気伝導度を保っていた。しかしながら，霧多布湿原の池塘はこれとは事情が異なるようである。電気伝導度はさほど高くはならずミズゴケ群落内よりやや高い程度であるが，pHは5.7～6.5と高い値を示す。これは，おそらく降水や周辺からの地下水が流入し，これが湖沼内にとどまっているからであろう。湿原の中での地下水の動きについてはまだ十分にわかっていないが，いくつかの報告がある。スコットランドで多くみられるblanket bog（なだらかな斜面に毛布をかけたように泥炭地が広がっているのでこのようによばれている）では，泥炭層の下に斜面に沿って地下水路があり，地下水が流れている。また，北欧のaapa mireはstring（12ページ参照）に沿って集水域から供給される水が流れる。霧多布湿原の湖沼はもともとは砂丘間湿地に由来するもので，尾瀬ヶ原などでみられる泥炭層の発達にともなって形成された池塘とは成因が異なり，現状では地下水を貯留する機能があり，水の入れ替わりがあるためミズゴケ群落内とは異質な水質となっているのであろう。

海水は，泥炭の表面を通って湿原に浸入するほか，泥炭層の深層やその下の鉱物質層を通って地下水として浸入する場合がある。霧多布湿原と同様な海洋性の湿原である風蓮川湿原で行った泥炭層の化学成分の分析結果から，この深層で海塩の濃度が高くなっていることがわかり，基底部への海水の影響が認められた（**図94**を参照）[18]。おそらく，霧多布湿原でも同様な海水が浸入する層が存在し，ここを通過した地下水が湿原内の湖沼に流入している場所もあると考えられる。

5. ハンノキ林の立地条件

つぎに，霧多布湿原に広く分布するハンノキ林の立地条件について述べる。先にも述べたように，霧多布湿原では，ハンノキ林は河川の後背湿地が丘陵と接する湿原辺縁部に広く分布している。ハンノキは，根に共生する放線菌のもつ窒素固定作用によって窒素が制限された貧栄養な環境下でも生育することが可能であるが，湿原内では外部からの栄養塩供給によって比較的富栄養な場所に生育していることがわかる。なお，最近の研究から，湿原に生育するコケ群落や矮生低木群落がみられる heath で植物に共生するバクテリアによる窒素固定が生態系への重要な窒素の供給源であることが示されている。湿原の植生すべてが貧栄養な環境に成立しているとはいいきれないが，あくまでも河川水や表面流去水による栄養塩供給の観点から，ハンノキ林は相対的に栄養塩供給を多く受ける場所に成立しているといえよう。

霧多布湿原のハンノキ林とミズゴケ群落とを横断する測線上（**図 19**；Line 2）での計測の結果，ハンノキ林の土壌に含まれる水は pH が高く，また電気伝導度も高いことが示された（**図 23**）。このことは，確かにハンノキの生育する土壌のほうが，ミズゴケのそれより富栄養化していることを示している。この計測で注目すべきは，富栄養化と土壌が還元的になる（酸化還元電位（Eh）が低くなる）ことには関連があるという点である。湿原の水位は，一般に春に高く，夏に低下し，秋に最低水位を示す。夏は降水の影響で水位変動を示すものの，植物のもつ高い蒸散機能のため，湿原土壌（泥炭）は乾燥しやすい。さらに無降水期間が続くと，湿原の水位はたいへん低くなる。高温と乾燥条件下におかれたミズゴケ群落はしばしば表面が著しく乾燥し，ほとんどの葉緑素を失って白化することもある。このような白化したミズゴケは，第 3 章 3－2 で述べる阿蘇火山地域の九重（くじゅう）火山群北部のタデ原湿原，坊ガツル湿原で毎年早春に行われる野焼きの後にも認められる。白化したミズゴケは，やがて梅雨時に降水が続くとふたたび健全な状態に戻り，乾燥しても復元できる能力を有していることがわかる。これは，地下水位の低下や何らかの要因により植物体の表面が乾燥しても，個体内部には水が貯蔵されているため，その水分で枯死せずに生存を続けられるからである。

ミズゴケ群落と比較して，ハンノキ林内では土壌である泥炭の表面が乾燥しているように見えても，その下の地下水面はさほど低下していないことが多い。このことは，ハンノキ林の土壌が夏から秋に著しく還元的になることと関係している。すなわち，地下水位が高いと，泥炭への酸素の供給速度が低くな

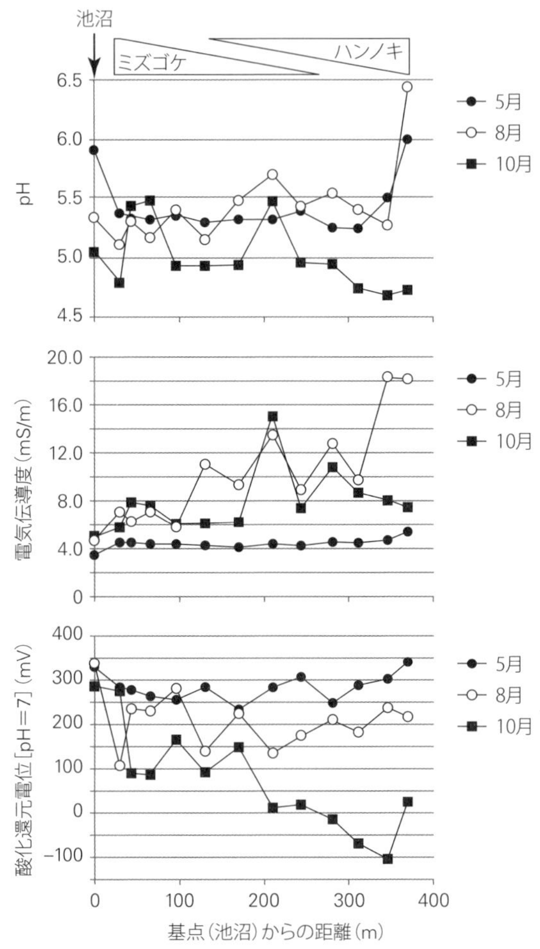

図23　霧多布湿原におけるミズゴケ群落からハンノキ林に至る測線上のpH，電気伝導度と酸化還元電位の変動

霧多布湿原に設けた測線（Line 2；図19）において測定した，表層水のpH，電気伝導度と酸化還元電位（pH＝7に補正）。ハンノキ林では，ミズゴケ群落と比較してpHおよび電気伝導度が高く，より富栄養な環境になっている。また，ハンノキ林では，秋季に酸化還元電位が著しく低下し，還元的な環境になることがわかる。

る。一方で，この時期は年間でもっとも気温の高くなる時期なので，植物の根の細胞や土壌微生物（189 ページ参照）の呼吸活性が高くなる。冠水していない泥炭表面では，大気中の酸素を好気的微生物が消費しつくしてしまうので，それより下層には酸素がほとんど供給されず，下層は酸素欠乏の状態となり，嫌気的微生物の活性が高まる。このような理由から，ハンノキ林の土壌は，一時的にではあるがきわめて還元的な状態になる。

一般に，湿生植物は土壌の無酸素状態，あるいは嫌気的な環境に耐性をもつことで，湿原での生育を可能にしている。海洋性の湿原では，海塩中のイオウ（海水中ではおもに硫酸イオン（SO_4^{2-}）として存在している）の負荷が多く，還元的な環境になると生物にとってたいへん有毒な硫化水素が生成する。この硫化水素が湿原における生物群集の構造や維持・変化にどのような影響をおよぼしているのかについては十分に解析されていないが，海洋の影響を受ける湿原の特徴として，イオウの負荷は無視できないであろう。

湿原において，イオウは還元的な環境下では硫化水素の発生の原因となるが，一方で，水位が低下して酸化的な環境になると硫酸を発生させる。硫酸は強酸であるため土壌の強酸性化を導き，酸に耐性の低い生物にとってはたいへん有害となる。霧多布湿原の土壌でも，一時的かつ局所的ではあるがかなり低い pH が記録されており，土壌中での硫酸の生成が示唆される。

つぎに，このような湿原に生育するハンノキの成長におよぼす環境条件について，年輪を用いて解析した結果について述べる[19)]。樹木の成長に影響した気象条件の解析には，しばしば年輪解析の手法が用いられる。すなわち，年輪幅から年間の成長速度を算出し，これがその年の降水量や気温，場合によっては 1 ～ 2 年前の過去の気象条件とどのような関連があるかを統計的に解析する方法である。現生の樹木だけでなく古い建築物に使われている木材でもその年輪解析からかなり古い時代の気候条件が復元でき，過去 1,400 年間における一連の気温の変動があきらかにされた事例もある[20)]。霧多布湿原のハンノキの樹齢はたかだか 50 年ほどであるので，ここでは年代学的なものではなく，直近の気象条件が年輪幅とどのような関連があるのかについて解析を行った。

湿原の樹木の成長と気象条件との関連については，おもに樹高方向の成長や枝の伸長などからの解析が行われており，年輪を用いた研究はほとんど報告されていない。これは，湿原に生育する樹木が，とくに日本ではハンノキかアカエゾマツに限定されることに加え，一般に成長がたいへん遅いことによる。また，主として気温と降水量によって成長が決まる一般的な陸地に生育する樹木と異なり，湿原という特殊な環境では土壌の水環境の変化に植物の成長が敏感に応答し，目的とする環境条件が多岐にわたり，その解析が著しく煩雑になることが年輪解析が利用されない理由の１つであろう。さらに，ハンノキの場合には萌芽が形成されるため，個体の識別が難しいことも年輪解析の解釈を難しくしている。このように，湿原の樹木の年輪解析はさまざまな問題を含んでいるものの，逆に土壌の水環境が変動しやすい湿原で，水環境の変動と樹木の成長との関係を端的に知るうえでは便利な手法である。

そこで，霧多布湿原におけるハンノキの成長におよぼす気象条件をあきらかにする目的で，過去 40 年の間に形成されたハンノキの年輪について，これに対応する期間の気温，降水量，日照時間との相関について分析した。その結果，

表１　霧多布湿原のハンノキの年輪成長におよぼす環境要因
霧多布湿原に生育するハンノキの年輪幅とその年輪形成に関係する環境要因（年輪が形成された年，およびその前年）の相関分析の結果，年輪幅との有意な相関があったものを示す（$p < 0.05$）。1953 年から 1994 年に形成された年輪について解析した。*は有意な負の相関を示す。

年輪が形成された年の環境要因
年平均気温
生育期の気温 生育期の日照時間
2 月の気温 6 月の気温 10 月の気温 6 月の日照時間 9 月の降水量 6 月の降水量*

ハンノキの年輪成長と年平均気温や生育期（6 月から 10 月）の気温，日照時間が正の有意な相関を示し，これらの条件が第一義的にハンノキの成長をコントロールしていることがわかった（**表 1**）。また，月ごとの環境要因をみると，気温や日照時間と年輪成長との関係が認められる。これらのうちで注目すべきは，6 月の降水量とは負の相関を，9 月の降水量とは正の相関を示す点である。6 月はハンノキの生育期であるが，この地域では霧の発生が多く，植物の成長を抑えるはたらきがある。したがって，この時期に霧の発生が少ないと気温が上昇し，日照時間が長くなり，降水量が多すぎなければ土壌が適度な水量を保ち，ハンノキの成長を促進することになる。逆に，9 月は霧の発生が少なく，水位が低下して土壌が乾燥しやすくなるため，適度な降水量があれば土壌の乾燥を防ぎ，ハンノキの成長をよくする。これら降水量とハンノキの成長のように，とくに過湿な条件が植物の成長を抑制するという関係は，水環境が変動しやすい湿原特有の，また適度な水環境を要求するハンノキのような湿生植物特有のものであると考えられる。湿原における植物の生育を考えるうえでは気温や日照時間のほか，適度な水環境を保つための降水量がどれくらいであるかを評価することが重要である。

6. 霧多布湿原の保全に向けて

霧多布湿原をはじめとする海洋性の湿原の場合には，集水域からの物質の流入と海塩の浸入がバランスよく保たれていることが，貧栄養な湿原植生の維持に重要である。とくに霧多布湿原のように富栄養な環境に立地するハンノキ林やヨシ群落から貧栄養な環境に立地するミズゴケ群落まで多様な植生が混在する湿原では，このバランスがとくに重要である。したがって，湿原の保全のためには，まずは集水域の土地管理を正しく行うことが必須となる。これは，釧路湿原の再生プロジェクトでも重要視された点で，湿原への適正な物質の流入量を評価し，過度の栄養塩や土砂の流入を避けるよう流域全体で管理することが必要である。

また，海塩の浸入に関しては，たとえば防潮堤を設けてコントロールするといった手法は湿原保全の観点からはあまり好ましくないであろう。海水は，塩害をもたらす一方で栄養塩の供給からはプラスの効果をもつため，現状ではこれらのバランスがとれており，この湿原の栄養塩環境をそのまま維持することが望ましいであろう。さらに，防潮堤などの構造物によって物理的に水の浸入を防ぐと，湿原全体の水の供給バランスが崩れ，過湿化や乾燥化をまねく要因になる。オーストラリアにある海洋性の湿原では，防潮堤の構築によって海水が湿原に直接浸入しなくなったため塩害は防止できたものの，水位が低下してイオウ化合物の酸化が急速に進み，硫酸により強酸性化した事例が多数報告されている。

このように，海洋性の湿原では，集水域を含めた湿原全体での物質バランスを保つことが保全につながるが，量的にどのくらいかといった判断のできるデータは少ない。現状ではこの物質バランスを定量的に評価できるような研究を進めることが，保全策を検討するうえで必要なことと考える。

Wetlands of japan

第2章
Chapter 2

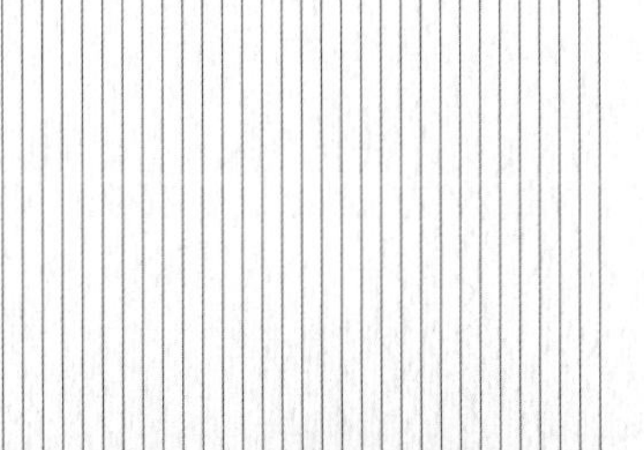

霧と湿原

◉2–1◉　霧によってつくられた湿原 — 落石 —

1. 落石

北海道の東部に位置する根室半島は，南側が太平洋に，北側がオホーツク海に面するなだらかな傾斜をもつ半島である。根室半島には湿原が点在するが，太平洋に面する落石（おちいし）周辺には多くの湿原がみられる（図24）。なかでも落石岬にある湿原は面積が61 haと比較的規模が大きく，わが国で唯一サカイツツジ（*Rhododendron parvifolium* Adams；図25）が分布する湿原として，1940年に国の天然記念物に指定されている。根室半島の太平洋側には上部白亜紀の根室層

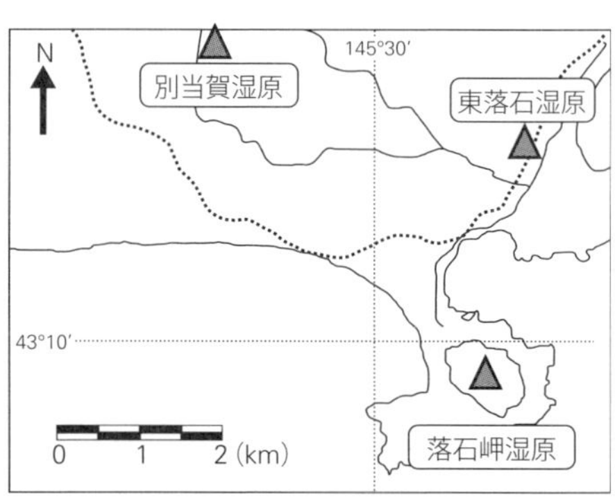

図24　落石の位置（左）と研究対象とした3つの湿原の位置（右）
北海道落石周辺には5～70 haの湿原が点在している。この研究では，海洋の影響を評価する目的で，海岸からの距離が異なる3つの湿原，落石岬湿原，東落石湿原，別当賀湿原を対象として，降水や土壌環境に関する研究を行った。

図25　サカイツツジ（*Rhododendron parvifolium* Adams）
サカイツツジはサハリンや中国東北部，東シベリアにかけて分布するが，日本国内では落石岬に限られる。そのため，「落石岬のサカイツツジ自生地」として天然記念物に指定されている。

群からなる海岸段丘が発達しており，この落石岬湿原は標高およそ 50 m の海岸段丘上に泥炭が堆積して形成された湿原である。落石の沿岸域にはユルリ島，モユルリ島があり，ともに海岸段丘上に湿原が発達していることからも海岸段丘が湿原の立地する地形として重要であることがわかるが，これ以外の場所にも数多くの湿原がみられる。北海道は全域が冷温帯に属し，標高が低い場所でも泥炭が形成されやすい環境であるため，釧路湿原や霧多布湿原，サロベツ湿原，石狩泥炭地など低地の海洋性の湿原が数多くみられる。とりわけ北海道東部では夏季の気温が低いために，湿原の発達が促される。この地域で夏季に低温になるおもな原因は，太平洋上で発生する海霧が移流し（移流霧，55 ページ参照），日照不足と湿度の増加をまねくためであるが，とくに太平洋側ではこの霧がもたらす効果が湿原を多く成立させる要因となる。根室半島にはオホーツク海を隔てたところにある知床半島ほどの急峻な山脈はなく，標高約 60 m のなだらかな丘陵が広がる程度であるが，その南側と北側では気象条件がかなり異なる。すなわち，太平洋上で発生する霧は，根室半島の太平洋に面した地域には高頻度で移流してくるが，半島を越える間に霧が消滅することが多く，オホーツク海側では霧の発生する頻度が低くなる。このことが，落石のような太平洋に面した地域に湿原が多く分布する要因になっていると考えられている。本節では，落石周辺の湿原と霧，とくに海霧との関係を中心としてこの地域の湿原の特徴をみていくことにしよう。

2. 霧と湿原

北海道東部，とくに根室地方では，5月から8月の月間霧日数が15日を超える（**図26**）。もっとも霧日数が多い7月は，視界が1,000 m以下になる霧が月間で200時間を超えて発生しており，その影響を強く受ける。同じく北海道東部に位置する網走では月間霧日数が7日を超えないことからも，根室地方での霧の発生頻度がとりわけ高いことがわかる。霧の発生は，太陽放射の遮断による日照時間の低下，気温の低下，空中湿度の増加をまねく。霧が高頻度で発生する時期が，気温がもっとも高くなる初夏から夏にかけての，まさに植物の生育期に一致していることから，根室地方では霧による農作物の生育不良が深刻な問題となり，農業にとってはたいへん不利な条件となっている。また，霧は視界をさえぎるため交通への影響も大きく，霧の害を低減するために，道路や鉄

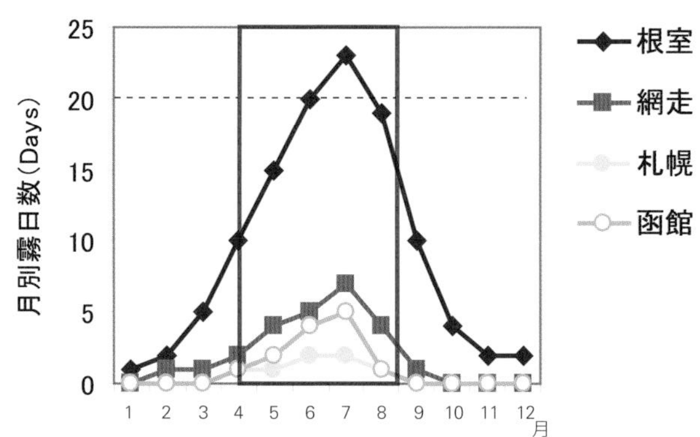

図26　北海道各地の月間霧日数（1970～1990）
北海道東部にある根室は，同じく北海道東部に位置する網走とくらべても夏季の月間霧日数が多く，太平洋上で発生する霧の影響を強く受けていることがわかる。

道のそばには古くから防霧林が設けられてきた。

根室地方では霧は人間生活と密接な関係をもっているため，霧の研究は古くから行われてきた。なかでも北海道大学低温科学研究所で行われた研究をまとめて1953年に出版された，「Studies on fogs」[21]は世界的にも有名な書物である。ここでは落石とここより南西にある厚岸（あっけし）に観測点を設け，霧の発生にともなう気象条件の変化，霧粒子の物理性や化学性，あるいは防霧技術など，実測に理論解析を加えてさまざまな観点から研究が行われた。これらの研究から，暖流である黒潮の上にある暖かく湿った空気塊が，太平洋高気圧からの吹き出しによる南からの微風にのって寒流である親潮の上に運ばれ，ここで冷却されて発生した霧が，移流霧（advection fog）として北海道東部の陸地に移動してくることがわかっている（**図27**）。したがって，放射冷却によって地表に接する空気が冷却されて発生する放射霧（radiation fog），冬季に比較的暖かい川面などから蒸発する水蒸気が水面上に移動してきた冷たい空気に触れて冷やされて発生する蒸発霧（evaporation fog）や湿った空気が山の斜面を昇るときなどに断熱膨張で冷却されて発生する滑昇霧（upslope fog）とは異なり，移流霧は暖かい空気塊が冷たい地表や海水の上を移動する過程で発生する。とくに海洋上で発生するものを海霧とよび，塩分が高くそれを含有したまま移動する性質をもつ

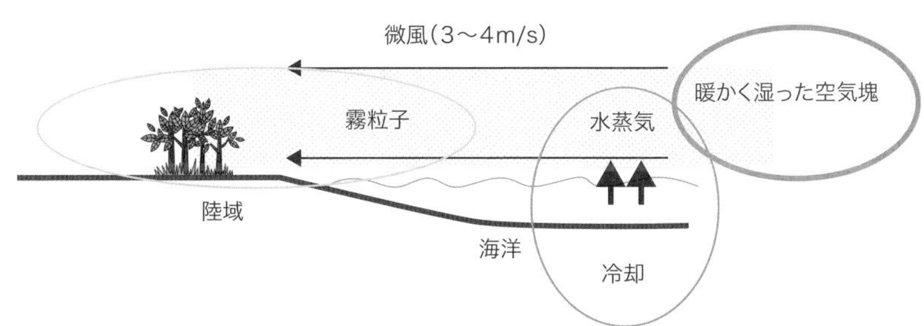

図27　移流霧の発生と陸域への影響の模式図
寒流である親潮と暖流である黒潮がであう三陸沖で，暖流上の暖かく湿った大気（空気塊）が南からの微風にのって寒流の上に運ばれ冷却されて移流霧が発生し，これが北海道東部に移動する。陸域に達した霧粒子は，樹木などに捕捉され，水滴となって土壌に降下する。森林の霧粒子の捕捉効率は高く，霧が根室半島を横断する間にほとんどの霧粒子は消失する。

ため，陸域に移動してくると塩害の原因ともなる。その一方で，この海塩に含まれる栄養塩がこの地域の植物に利用され，その生育を助けている面も指摘されている。たとえば，北海道の太平洋に面した地域では，霧が海洋から栄養塩を輸送してきて牧草の生育が促され，これを食べる馬への栄養塩供給にもなるため，ここに名馬の産地が多いという説もある[22)]。このように，海霧の化学的特性が陸域におよぼす影響はさまざまな側面でみられる。

霧は根室地方の気象条件に大きく影響を与えているが，低温でかつ多湿な気象は，泥炭の形成と密接に関係している。泥炭は枯死した植物体を構成する有機物が十分な酸化分解を受けずに堆積して形成されるため，湿原では有機物の分解が抑制されるような環境が不可欠である。一般に低温環境下では微生物活性が抑えられるので，泥炭化が進みやすい。実際，7月の月平均気温が札幌では平年で20℃を超えるのに対し，根室では14℃前後である。また，根室地方の年間降水量は1,000 mm程度でけっして多くはないが，霧の発生により大気中の湿度が高くなると，土壌からの蒸発や植物体からの蒸散が抑えられ，土壌中に水がたまりやすくなる。とくに夏季に霧が発生するこの地域では，本来であれば蒸発散量が多くなる夏季にこれが抑えられるので，土壌が過湿になりやすい。逆に，夏季に日照量が少なく，低温で蒸発散が抑えられるような環境になると，植物の一次生産速度は低下する。このことは有機物の生産量の低下につながるので，長い目でみると泥炭の形成には不利な条件となる。寒冷地の湿原でみられる主要な植物であるミズゴケは低温で過湿な環境でも有機物生産を行い，さらに環境を酸性化する性質を有し有機物の分解速度が低くなるため，ミズゴケが優占する湿原では泥炭が堆積しやすくなるのである。

太平洋上で発生した霧は，南からのおだやかな風に運ばれて根室半島に移動してくる。根室半島はなだらかな丘陵であるので，霧粒子の一部は半島北側のオホーツク海まで達するが，多くは半島を横断する途中で樹木などに捕捉され，霧が消失してしまうことが多い。半島の太平洋側では濃い霧が発生していてもオホーツク海側は快晴であることが多く，なだらかで横断距離が5～8 km程度とはいえ，その両側で気象条件が大きく異なる。湿原が半島の太平洋側に比較的多く分布し，一方でオホーツク海側にある春国岱には泥炭がほとんど形成されていないことからも，霧が泥炭の堆積と湿原の形成に大きくかかわっていることがわかるであろう。

3. 落石周辺の湿原植生

落石周辺に分布する湿原の多くは，ミズゴケやヌマガヤが優占する湿原と，これをとりまくように分布するアカエゾマツ林とから構成されている。よく発達した湿原である落石岬湿原では，この2つの群落がとくに明瞭に認められる。北海道の湿原に成立するアカエゾマツ林に関しては，第1章で春国岱の砂丘上に成立する例を紹介したが，その多くはよく発達した泥炭地に成立しており，東部の落石周辺や霧多布付近の火散布(ひちりっぷ)のほか，北部の浅茅野(あさじの)湿原（浜頓別(はまとんべつ)町）や朱鞠内湖(しゅまりないこ)沿岸の泥川流域などでみられる。日本国内で湿原に発達する森林にはほかにハンノキ林があるが，おもに河川の氾濫原の土砂が堆積し比較的富栄養で泥炭の分解が進みやすい場所に成立するので，泥炭の発達は著しくない（38 ページ参照）。このように，日本では泥炭地に森林が発達する例はあまり一般的ではないが，フィンランドなど周極地域にある湿原ではトウヒ属，マツ属，カバノキ属のそれぞれの樹木で構成される森林が泥炭地に成立する「泥炭湿地林」が広く分布している。また，熱帯地域では泥炭地は森林をともなうのが一般的である（9 ページ参照）。

落石周辺の湿原では，降水涵養性の貧栄養な bog に特有な，中央が盛り上がった凸レンズ状の泥炭層が発達している。中央の盛り上がった部分にはミズゴケが優占し，これをとりまくようにアカエゾマツがほぼ純林に近い群落を形成している[23, 24)]。アカエゾマツ林の林縁部，すなわち，凸レンズ状の泥炭層の縁辺にはトドマツが低密度ながら生育していることが多い。また，同様にアカエゾマツ林の林縁部のやや湿った場所にはハンノキ林が成立している。アカエゾマツ林内では，アカエゾマツの樹高が最大でも 20 m 程度しかなく，ミズゴケ群落と接する部分では，湿原の中央に向かってアカエゾマツの樹高がしだいに低くなる（**図 28**）。このような湿原植生の構成は，落石周辺の湿原に共通してみられる。アカエゾマツ林の林床にみられる植生は，ヌマガヤ，ワタスゲ，ミズバショウがそれぞれ優占する，3つの異なるタイプに分けられる[25)]。3つの

図28　落石周辺の湿原の構造
ミズゴケが優占する部分（左側）をとりまくようにアカエゾマツ林（右側と奥）が分布する。両群落の境界面では，アカエゾマツの樹高が徐々に変化する。また，ミズゴケ群落内には，矮生化したアカエゾマツ個体が点在している。

優占種のほかにはホソバミズゴケ，ウロコミズゴケ，サンカクミズゴケなど林床性のミズゴケやイワダレゴケ，タチハイゴケなどのコケ類が生育している。一方，湿原の中央部には，チャミズゴケ，スギバミズゴケ，ムラサキミズゴケ，イボミズゴケなどのミズゴケが優占する群落のなかに，ヌマガヤ，ワタスゲ，イソツツジ，ホロムイスゲ，ガンコウランなどが比較的高い被度で生育する草本・低木群落が成立している。この群落では，泥炭が周囲よりやや盛り上がった hummock（ハンモック）とよばれる微地形がみられ，この中にアカエゾマツの矮生化した個体が点在する（**図28**）。hummock 内のアカエゾマツは，湿原内で周囲と比較して過湿にならない場所を好んで生育している。

湿原内に生育するミズゴケは，湿原の微地形，すなわち標高差約1m以内の微小な凹凸（場合によっては1cm程度のごく微細な凹凸でも生育する植物種が異なる）の形成に重要な役割を担っている（**図29**）。ここで湿原における代表種であるミズゴケの生理生態的特性について，簡単に記しておこう。ミズゴケは，一般に湿潤で貧栄養な環境で優占する蘚類である。葉は光合成を行う葉緑細胞と水を蓄える貯水細胞とから構成され，これらが規則正しく交互に配列し

図29　チャミズゴケが形成するhummock
よく発達したbogには，凹凸がみられる。これを微地形とよぶが，チャミズゴケが形成する盛り上がり（hummock）はもっとも比高が高く，1～1.5mになることもある。

た構造をとっている。貯水細胞が多数存在するため，ミズゴケ類は一時的な乾燥に耐えることができる。葉は枝に密に配列し，枝は主軸に密についている。さらに，ミズゴケは通常1個体で生育することはまれで，単一の種もしくは複数の種が密生した群落を形成している。このようにミズゴケは，葉の細胞構造，葉や枝の配列，生育状態に至るまで水分を保持しやすい構造をとっている。このような保水機能を利用して，ミズゴケは保湿剤や園芸用の土壌改良剤などの商品にもなっている。

ふたたび葉の細胞構造に戻るが，ミズゴケの葉は1層の細胞列からなり，表面観では貯水細胞は葉緑細胞をとりまくように配置して，葉緑細胞を乾燥から防いでいる。両細胞の配列のしかたは種により異なり，これがミズゴケの種の分類上重要な鍵になっているが[26]，その大きさと配列は乾燥に対する耐性を表わしており，同時に光合成能とも関連している。葉には表裏（背腹性）があり，枝に面しているほうを向軸面，枝とは反対側に面しているほうを背軸面という。ミズゴケでは，向軸面はほとんど茎に密着しているため，光はおもに背軸面で受けることになる。常時冠水している場所に生育するハリミズゴケ（*Sphagnum cuspidatum* Hoffm.; Cuspidata 節）などでは貯水細胞を小さくし，葉緑細胞を背軸面側に置くことによって水中の弱い光環境でも効率よく光合成を行うことができる構造になっている。その反面，この分類群（節）は水中から出すと水分が失われやすく，葉緑細胞が乾燥してしまうため，耐乾性は低い。一方，地下水位が低く直射日光があたるような乾燥しやすい場所に生育するチャミズゴケ（*Sphagnum fuscum*（Schimp）Klinggr.；Acutifolia 節）などは，葉緑細胞が向軸面側に位置し，背軸面側は貯水細胞で覆われ，長期の乾燥に耐えられる構造になっているが，光を獲得するには不利である。いわば，光合成能と耐乾性はトレードオフの関係にあり，耐乾性を高めれば光合成能は低下する。

耐乾性のほか，栄養塩に対する耐性も種によって大きく異なる[27)]。ミズゴケの研究は石灰岩土壌が広く分布するヨーロッパを中心にさかんに行われてきたこともあって，カルシウムとミズゴケの成長との関係が議論されてきた。一般に，ミズゴケは石灰岩土壌のようなカルシウムの多い塩基性の環境には弱いが，ウロコミズゴケ（*S. squarrosum* Crome）とヒメミズゴケ（*S. fimbriatum* Wils. ex Wilson & Hooker）は例外的にそのような場所でも生育することができる[28)]。そのため，これらの種は石灰岩土壌に先駆的に侵入し，その後の他種のミズゴケが生育できるような礎を形成するパイオニア種とされている。このほか，リン酸などの栄養塩や pH に対する生理的応答に関する研究から，一般にミズゴケは低い pH でかつリン酸などが少ない貧栄養な環境でよい成長を示すが，詳細にみると栄養塩環境への適応や耐性は種によりさまざまであることがわかっている[29, 30)]。したがって，その場所に生育しているミズゴケの種を調べることでその場所の水環境と栄養塩状態をおおよそ知ることが可能である。

また，ミズゴケは細胞壁のもつ高いプロトン交換能により，周辺環境を酸性化する[27, 31)]。細胞壁を構成するポリウロン酸などの分子のもつ交換性のプロトン（H^+）と外から加わったカリウムやカルシウムなどの陽イオンがイオン交換することでプロトンが放出されるため，ミズゴケがもとになってできた泥炭も環境を酸性化する機能を保持している。このほかにも，ミズゴケはミズゴケ酸とよばれる有機酸を合成し，これを環境中に分泌することも知られており[32)]，これと有機物の分解過程で形成される有機酸による酸性化とあわせて湿原の水環境を考えるうえでは重要である。ミズゴケの植物体そのものが分解されにくい性質をもつことと，周辺環境を酸性化するという相乗効果により，ミズゴケの優占する湿原では泥炭化が進みやすい。微視的にみると，ミズゴケとほかの植物間，あるいはミズゴケの種間で泥炭の形成速度が異なるため，泥炭の表面にはしだいに小さな凹凸が形成される。これが微地形の発達の初期段階である。盛り上がった部分の中央部は相対的に乾燥しやすくなり，やがて乾燥に強い種がここに侵入してくる。このようにして環境の変化と種の変遷を経て，盛り上がりはしだいに大きくなり，先述の凸地形 (hummock) となる。もっとも発達したものは，ミズゴケ類のなかでもっとも耐乾性の高いチャミズゴケが形成する hummock であり (**図 29**)，落石周辺の湿原では相対的な盛り上がりの高さが 50 ～ 80 cm になる。北海道東部の標津湿原には相対的な比高が 1 ～ 1.5 m にも達するチャミズゴケの hummock がみられる。湿原全体に泥炭が堆積するとしだいに地表面が盛り上がり，よく発達すると全体が凸レンズ状になる。

落石周辺の湿原のタイプは，ミズゴケの優占度が高いので貧栄養性の bog ともいえるが，ヌマガヤなどやや栄養性が高い場所に生育する種の優占度も高いことから fen の要素ももつため，poor fen がもっとも近い。落石岬湿原は海岸段丘上に成立していることから，流入河川は存在せず，涵養水は完全に降水に限定される。泥炭がある程度堆積すれば，基底の鉱物質層からの栄養塩の供給速度が低くなり，貧栄養な bog に発達することは十分考えられる。落石岬湿原の中央部では泥炭が 3.5 ～ 4.0 m 堆積しており，すでに直接的な栄養塩の供給源はほぼ降水に限定されている。にもかかわらず，ヌマガヤやワタスゲなどのやや富栄養な環境に生育する種がかなりの被度でみられ，海洋から栄養塩の供給があることがうかがえる。さらに，アカエゾマツ林内においても泥炭は 3.0 m 以上堆積しており，かつ林床には富栄養な環境を要求するミズバショウが大群落を形成していることから，アカエゾマツ林内の土壌の栄養性は相当高いと考えられる。落石周辺の湿原の栄養性におよぼす海洋の影響は以下の節で詳細に述べるが，降水涵養性でありながら富栄養な植生がみられることがこの地域の湿原の最大の特徴である。さらに，海洋からの栄養塩の運搬に霧が大きくかかわっていることもあらかじめ述べておく。

4. アカエゾマツ林

舘脇[33]はアカエゾマツ林を6タイプに分類しており，これによると落石周辺でみられるものは湿地系アカエゾマツ林となる。落石岬湿原での泥炭の形成はおよそ4,600年前に始まったとされており[34]，花粉分析の結果から，このころからアカエゾマツが生育していたことがわかっている。したがって，何度か火山灰の降灰による植生の撹乱が起こっているものの，落石周辺のアカエゾマツ林は4,000年以上維持されてきた森林であるといえる。現状では，ミズゴケやヌマガヤが優占する湿原をとりまくようにアカエゾマツ林が分布し，その境界ではアカエゾマツの樹高がしだいに低くなる（**図28**）ような植生の境界面が形成されているが，このような構造が遷移により形成されたものなのか，長年にわたり維持されてきたものであるのかどうかはまだわかっていない。また，湿原内には矮生化したアカエゾマツ個体がみられるが，実生や稚樹は森林内のアカエゾマツの根元に形成されたhummock上にわずかにみられるにすぎない。よく発達した森林では，春国岱の解説で述べたように，樹木の風倒や落雷などの撹乱によって森林の空所（ギャップ）が生じ，ここで次世代の個体が成長することで森林が更新・維持されているのが一般的である（26ページ参照）。2007年には，落石や春国岱で台風の通過により多くの樹木が風倒した。このような撹乱とこれによるギャップの生成はかなりの頻度で発生しているが，落石周辺のアカエゾマツ林ではギャップでの後継樹の更新は観察されておらず，森林を構成する全立木が一度に倒れ，全体が一度に更新（一斉更新，82ページ参照）している可能性もある。いずれにせよ，落石周辺のアカエゾマツ林の更新・維持機構の解明には，さらに長い年月の観察が必要である。

同様に，森林から湿原への移行帯でアカエゾマツの樹高が連続的に変化する理由もまだよくわかっていない。森林と湿原との間でなんらかの土壌環境の違いが生じているために，湿原に根づいたアカエゾマツの成長が抑制され，現在のような境界が維持されている可能性も高い。しかしながら，かつては現状よりゆるい勾配をもって樹高が徐々に変化していたが，樹高が1m程度のアカエゾマツ個体を中心に盗伐されたためこのサイズクラスの個体が極端に少なくなり，現在みられるような明瞭にアカエゾマツ林からミズゴケ群落へと移行する林縁の構造になったとの指摘もあり，このような人為的要因も考慮に入れなくてはならない。

そこで，まずアカエゾマツ林とミズゴケの優占する湿原の土壌環境の違いについて調査を行った。先にも述べたように，ミズゴケはみずからが生育する環境を酸性化することにより，ほかの種が生育しにくい環境をつくることで，純群落をつくる植物である。日本でみられるハンノキ林やフィンランドなどにある泥炭湿地林でもそうであるが，通常はミズゴケの優占する湿原の土壌のほうがこれと接する森林の土壌より酸性度が高い，つまり泥炭中に含まれる水（泥炭水とよぶ）の pH は湿原のほうがこれと接する森林よりも低くなるのが一般的である。しかしながら，落石周辺の湿原ではこれとはまったく逆で，アカエゾマツ林のほうがミズゴケ群落の土壌より酸性度が高い。筆者ら[35] は，落石周辺の 3 湿原（落石岬湿原と，JR 落石駅付近にある東落石湿原，別当賀（べっとが）にある別当賀湿原（**図 24**））を対象として比較調査を行い，この傾向はこれら 3 湿原に共通していることをあきらかにした（**図 30**）。

これらの湿原は泥炭層の厚さが異なり，それぞれ湿原の中央付近で実測した結果，落石岬湿原で 350 cm，東落石湿原で 150 cm，別当賀湿原で 90 cm，アカエゾマツ林内ではどこもこれよりやや薄かった。ミズゴケ群落をとりまくようにアカエゾマツ林が分布している点ではどの湿原も共通している。3 つの湿原間での泥炭層の厚さの違いはその形成開始時期の違いによるものと考えられ，別当賀湿原がもっとも新しく，東落石湿原，落石岬湿原の順に古くなる。これら 3 つの湿原はいずれも標高 40 ～ 50 m の段丘上に立地しているが，海岸線からの距離が異なるため，海洋の影響の程度が異なる。落石岬湿原は陸繋島状の海岸段丘上に立地するが，北部の陸繋部は狭く，ほぼ四方が海岸線に接するような地形になっているため，湿原の中央部から海岸線までの距離はおよそ 1 km である。東落石湿原は南東部が海洋に面し，海岸線から湿原中央までの最短距離は 1 km ほどであるが，海洋に面している距離が落石岬湿原より短いため，海洋の影響は落石岬湿原より小さい。別当賀湿原は根室半島の内部に位置し，海

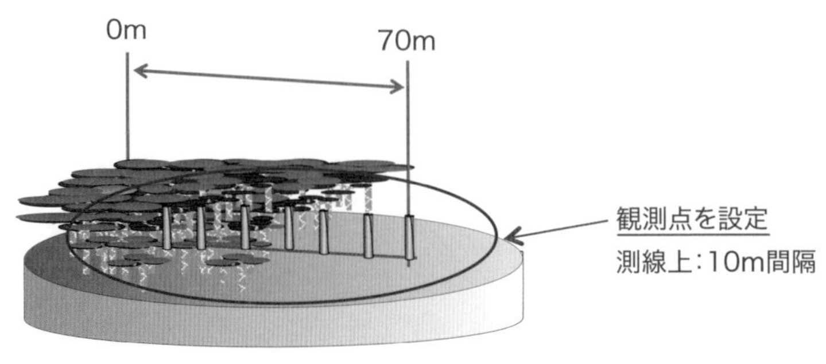

図30　落石周辺の湿原で行った土壌調査に用いた測線の概念図
アカエゾマツ林からミズゴケの優占する湿原にかけて，70 mの測線を各調査地に設置し，10 m間隔で採水した泥炭水の分析を毎月1回（土壌の凍結期を除く）行った。

岸線からの最短距離は4 kmほどある。海洋からの影響には風向，風速などの気象要素は考慮していないが，これらの湿原における降雨（露地雨）に含まれる海塩の化学的特性を比較すると，落石岬湿原，東落石湿原，別当賀湿原の順にその負荷量が少なくなっており，地理的立地条件と一致している（**図31**）。海塩の濃度の違いはアカエゾマツ林の林内雨，樹幹流にもみられるが，これらの成分にはアカエゾマツ林が大気降下物を捕捉する効率もからんでくるため，ここでは露地雨の成分のみで海洋の直接的影響を評価するのがもっとも妥当であろう。

降水中の海塩の濃度の違いは，土壌の化学成分の違いにも明瞭に現れている。それぞれ3つの湿原でミズゴケ群落内とアカエゾマツ林の泥炭水の海塩の濃度を電気伝導度で比較すると，落石岬湿原，東落石湿原，別当賀湿原の順に低くなっている（**図32**）。すなわち，海洋の影響が強い湿原ほど土壌中の海塩の濃度が高い。一方，アカエゾマツ林とミズゴケ群落の泥炭水を同一の湿原内で比較すると，アカエゾマツ林のほうが海塩の濃度が高く，ミズゴケ群落からアカエゾマツ林に向かってその濃度が上昇するような勾配が認められる。また，泥炭中の海塩の濃度はアカエゾマツ林縁部で大きく変化する。これは，ア

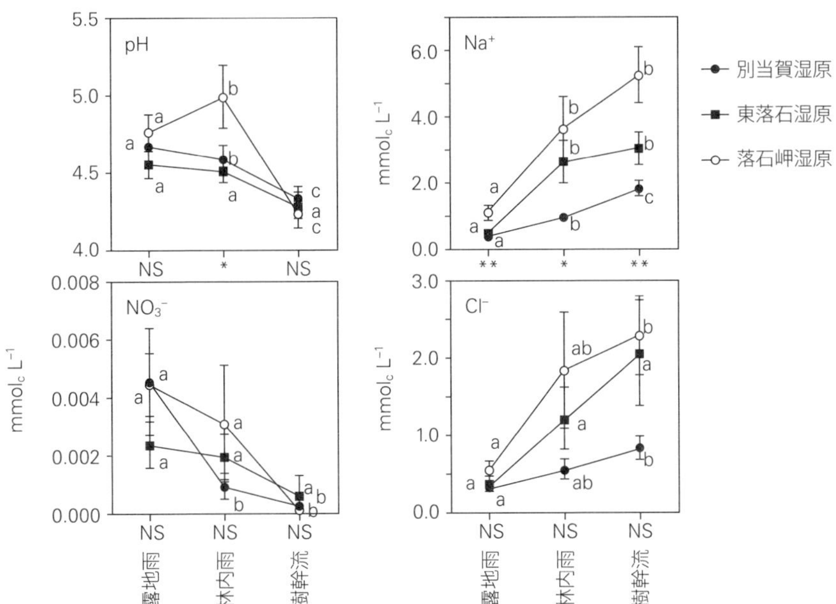

図31 落石周辺の湿原における降雨（露地雨，林内雨，樹幹流）のpH，硝酸イオン（NO_3^-）濃度，ナトリウムイオン（Na^+）濃度，塩化物イオン（Cl^-）濃度
露地雨，林内雨，樹幹流の間で濃度の平均値の有意差（$p < 0.05$）をa, b, cの記号で，また3つの湿原間での濃度の平均値の有意差を横軸下の記号（*：$p < 0.05$，**：$p < 0.01$，NS：有意差なし）で示した。pHは樹幹流で有意に低い値を示したが，湿地間の差は林内雨以外は有意ではなかった。ナトリウムイオンと塩化物イオンはともに露地雨，林内雨，樹幹流の順に増加し，また別当賀湿原，東落石湿原，落石岬湿原の順で増加した。栄養塩の指標に硝酸イオンを比較として示したが，硝酸イオンはアカエゾマツ林内を通過する過程で林冠で吸収されていることがわかる。

カエゾマツの葉に大気降下物として海塩が沈着し，これが降水によって洗脱されて林内雨，樹幹流に溶解して土壌に達するためである。とくに樹幹流中の海塩の濃度が著しく高いことから，樹木が大気降下物を捕捉する機能が高いことがよくわかる（図31）。

泥炭中の海塩の濃度に対応して，泥炭水のpHも変化する（図32）。先にも述べたように，アカエゾマツ林内の泥炭水のpHはミズゴケ群落のそれより低く，とくに落石岬湿原で顕著である。海塩は水に溶解しても中性を示すので，海塩

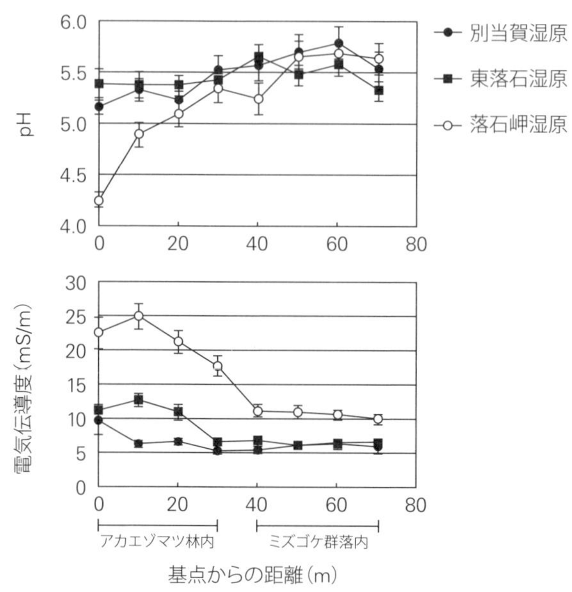

図32 落石周辺の湿原における泥炭水のpHおよび電気伝導度
別当賀湿原，東落石湿原，落石岬湿原に設けた70 mの測線上で，30 cmの深さから採取した泥炭水の測定結果から，アカエゾマツ林内（基点からの距離が0～30 m）では湿原内（基点からの距離が40～70 m）より酸性度と海塩の濃度が高くなっており，この傾向は海洋の影響をもっとも強く受けている落石岬湿原で顕著であることがわかる。アカエゾマツ林とミズゴケ群落との境界でpHと電気伝導度が大きく変化することから，アカエゾマツ林の存在が泥炭の酸性化と海塩の集積の原因であることがわかる。

そのものの負荷によって泥炭水のpHが変動することは考えにくい。アカエゾマツの樹幹流は露地雨や林内雨と比較してpHが低く，この理由の一部は樹幹流に含まれる有機酸の効果との指摘もあるが，樹幹流は全降水の5％以下であり（**図33**），仮に樹幹流から泥炭へ有機酸の供給があったとしても泥炭を酸性化するほどの量には達しない。さらに，降水のpHは，林内雨を除いて3つの湿原間で有意差が認められない。Iyobe and Haraguchi[36]は，プロトンフラックスを比較し，アカエゾマツ林の土壌表面よりミズゴケ群落のそれのほうが高いにもかかわらず，アカエゾマツ林の土壌のほうがより酸性化していることを示した（**図33**）。この矛盾はどのように説明すればよいのであろうか。

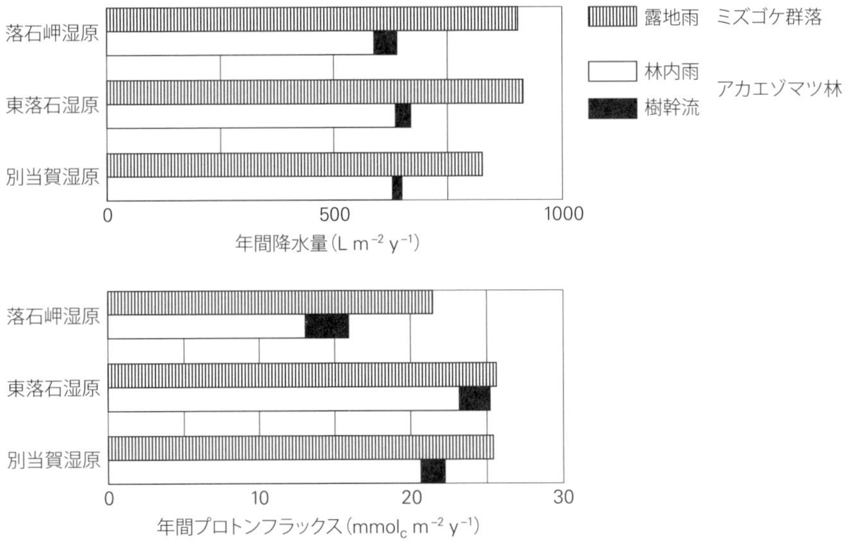

図33　落石周辺の湿原における降水量と降水によるプロトンフラックス
ミズゴケ群落内で採取した露地雨，アカエゾマツ林内で採取した林内雨，樹幹流の年間累積量と降水によるプロトンフラックスを示す。樹幹流が酸性化しているため，プロトンフラックスは樹幹流で比較的高いものの，ミズゴケ群落内の土壌のほうがアカエゾマツ林内でのそれより高い。これは，プロトンフラックスではアカエゾマツ林の土壌の酸性化は説明できないことを示している。

実は同様な研究結果が，古くGorham[37]によって紹介されており，イングランドにあるいくつかの湿原では泥炭水のpHが海岸線に近くなるにつれて低くなるが，これが落石周辺にある3湿原の泥炭水のpHの測定結果と一致する。とくに海塩の成分であるナトリウムイオン，マグネシウムイオン（Mg^{2+}），塩化物イオンは，アカエゾマツの林内雨により土壌に輸送されるフラックスが多く，また海洋の影響の程度に応じて，別当賀湿原，東落石湿原，落石岬湿原の順に多くなる傾向が明瞭にみられる（**図34**）。この現象は，海塩中のナトリウムなどの陽イオンが多量に土壌（泥炭）に負荷されるとプロトン交換反応によりイオン交換が起こり，これが水中に放出されて泥炭水のpHが下がることで説明される。泥炭を構成する植物遺体は細胞壁にイオン交換反応時に放出されやすい交換性のプロトンを多く保持しているので，これと海塩中の陽イオンと置

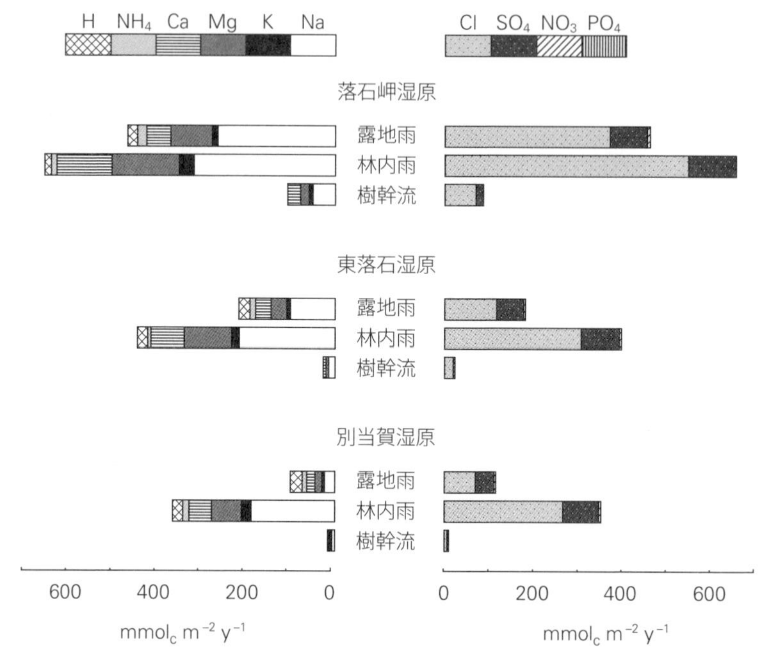

図34　落石周辺の湿原における降水によるイオンフラックス
ミズゴケ群落内で採取した露地雨，アカエゾマツ林内で採取した林内雨・樹幹流によってそれぞれの群落の土壌に供給されるイオンの年間フラックスを示す。アカエゾマツ林の林内雨によるイオンフラックスが露地雨より高く，林内雨による土壌への海塩負荷量が相対的に高いことがわかる。土壌への海塩負荷量は土壌中のナトリウム，マグネシウム，塩化物のイオン濃度と相関があることから，海洋の影響をもっとも強く受けているのは落石岬湿原である。

換して土壌環境を酸性化する。このため同一湿原内でも土壌への海塩フラックスが相対的に多いアカエゾマツ林のほうがミズゴケ群落より酸性化しており，また海洋の影響をより強く受ける湿原ほど土壌の酸性度が高くなる主たる要因であると考えられる。海塩をかぶると酸性になるという，一見まったく無関係にみえる海塩と酸との関係であるが，とくにプロトン交換容量が高い泥炭など有機質の土壌においては，きわめて密接に関連しているのである。このように，海洋性の湿原の環境は，海洋の影響をさまざまなプロセスで強く受けている。

5. 霧が運ぶ物質

北海道東部の太平洋岸は，太平洋上で発生した移流霧に覆われることが多く，この地方に湿原が多く分布する要因の1つとして重要であることはすでに述べた。とくに気温が高くなる5月から8月にかけては霧日数が多く，これが水分供給を増加させたり蒸発散量の低下を引き起こすため土壌水の増加につながり，湿原の形成と維持にかかわっているものと考えられる。霧は，このような土壌への水分貯留のほかに，さまざまな化学物質を陸上生態系に運搬する機能も高く，とくに栄養塩の供給に重要なかかわりをもっている[35)]。

霧は雨や雪と同様，大気からの湿性降下物の1つの形態であるが，霧粒子は雨滴や雪粒子にくらべて粒径が小さい。雨滴の平均的な粒径が100μmであるのに対して，霧粒子は10μm程度である。したがって，霧と雨で水の物質量が等しくても総表面積は霧粒子のほうが雨滴より大きく，大気中の浮遊物質が粒子に衝突する確率は，水の単位物質量あたりで比較すると霧粒子では雨滴よりはるかに大きくなる。さらに粒子1個あたりでみても，水滴の核になる大気中の浮遊物質に対する水の量比が霧粒子のほうが小さいため，相対的に中に取り込まれている物質の濃度が高くなる。

このような霧の物理化学的特性と関連した環境問題の一例として，酸性霧がある[38)]。北海道東部の釧路，根室地方では，とくに原因となる酸性浮遊物質の発生源が近くに多く存在するわけではないが，コンクリートが酸性の湿性降下物で溶かされて再沈殿することで形成された，鍾乳石のように垂れ下がったコンクリートつららが随所でみられる[39)]。この地域の雨がとくに酸性化しているわけではないにもかかわらず，コンクリートを溶解するほどの酸性浮遊物質が降下する理由として，霧の存在が大きくかかわっているといわれている。

霧が酸性化しているとはいっても，それを確認するのはたいへん難しく，雨や雪のように湿性降下物を捕集してこれを分析する手法が確立されているわけではない。霧粒子は雨滴や雪粒子と比較して著しく小さく，落下速度も小さいため容易に捕集することができず，したがって定量的に調べることができない。霧を捕集するためのさまざまな手法が考案されているものの，正確に霧粒子中の化学成分を分析することは難しい。たとえば，冷却したガラス容器に沈着させる簡便な方法があるが，この中には水蒸気が凝縮した水滴も含まれるため，霧粒子のみの捕集にはならない。比較的よく使われる方法は，細いプラスチック製の糸をハープの弦を密にしたように張り，これに送風機で微風を送り，糸に霧粒子を沈着させる方法である。量を集めるには相当な時間がかかるが，霧が濃い場合には化学成分の分析に供するに足る試料を捕集することができる。しかしながら，糸に沈着した霧粒子が凝集して重力で落下するまでの間に水分が蒸発してしまい，もともとの霧粒子中の物質濃度より高くなるという問題点もある。表面分析の手法を応用して，基板上に沈着させた霧粒子の直径や体積と，その粒子に由来する物質の化学成分の分析とから霧粒子1個の化学的特性を評価する方法もあるが，雨滴や雪粒子と比較するための実用的なデータを得るのは難しい。

このようにまだ問題を含んでいるものの，いろいろな手法で霧粒子を捕集して分析すると，北海道東部の霧は雨や雪と比較して相当酸性度が高いことがわかる[38]。継続的な観測結果ではないので一例として示すにとどめるが，釧路での霧の平均的な pH は 4.6 程度で，もっとも酸性化した例で 3.13 という値が記録されている。一方，釧路での露地雨の pH は 4.5 ～ 6.2 程度であるので，これと比較すると霧は雨より酸性化していることがわかる。先に述べたように釧路周辺には大気への酸性浮遊物質の排出源は少なく，広域的に拡散してきた酸性浮遊物質が降水を酸性化することがこのような低い pH を示す原因の1つであると考えられるが，さらに大気中の酸性浮遊物質の濃度が低くても霧粒子は効率よくそれを粒子中に取り込むので，これも酸性霧発生の要因となろう。なお，大気中の酸性浮遊物質の起源としては，人為的なもののほかに，海水の飛沫に由来する硫酸イオンや海洋性プランクトンによるジメチルスルフィドの大気への放出も重要な要素である。とくに海洋に近く，海霧の影響を受ける北海道東部地域では，これら自然発生的な酸性浮遊物質が霧粒子に捕捉されて酸性の湿性降下物の主たる原因になっているとの指摘もある。

落石岬湿原における霧の捕集と分析の結果から，霧粒子には高濃度の海塩が含まれていることがわかった。また，これは風向や風速などの気象条件によって大きく変動することもわかった。2001年夏の落石岬湿原における霧の分析結果では，pH は 4.5 ～ 5.6 の範囲で，また電気伝導度は 3.7 ～ 68 mS/m の範囲で変動したが，高い pH 値を示したのは低気圧や台風の通過前後に発生した霧で，移流霧の場合には低い値を示している（伊豫部ら，未発表データ）。発生頻度や発生時間からみると移流霧がもっとも多いので，北海道東部では霧の発生頻度が高い季節にはより酸性化した霧の影響を常時受けているといえよう。

6. 大気降下物と樹木の相互作用

霧粒子は，大気中の浮遊物質を捕捉する機能が高いだけではなく，粒子が小さく，落下速度も小さいことから，とくに移流霧の場合は物質を運搬する機能も優れている。さらに，霧粒子が樹木の葉などに沈着すると，ほかの霧粒子と融合して大きく成長するまでは重力によって落下しないため，葉の表面に滞留する時間が長い。したがって，霧粒子は，高濃度の物質を効率よく運搬し，長時間樹上にとどめることで，その物質による影響を樹木におよぼす。

雨や霧は，それぞれ単独では粒子中に取り込まれている物質を湿原に供給し，その物質は土壌環境の形成にかかわっているが，実際にはこれらのイベントは規則正しい周期をもって発生するわけではないので，それぞれのタイミングによって生態系への物質負荷量はケースバイケースで大きく変わってくる。そこで，生態系への雨や霧の影響を正確に把握するためには，単に降水量や霧発生時間などの総合的な気象条件だけではなく，その履歴を含めた解析が必要となる。以下に，このような解析の一例を紹介しよう [40]。

調査対象は先に土壌の調査を行った湿原と同じで，海洋の影響が強い順に，落石岬湿原，東落石湿原，別当賀湿原の 3 湿原である。土壌の凍結期を除く 6 月から 11 月を対象として，露地雨，林内雨，樹幹流に含まれるイオン濃度の季節変動を調べ，これと霧の発生，降雨（**図 35**）との関連について調べた。まず，繰り返しになるが，林内雨や樹幹流に含まれるイオン濃度は露地雨にくらべて高く，樹木の葉などに沈着した乾性降下物が降雨によって洗脱される過程がその水質に大きくかかわっている。一般に，アカエゾマツのような針葉樹では多数の葉が枝に密についているため，大気と接触する葉面積が大きく，乾性沈着（大気から直接固体が沈着すること）が起こりやすい。落石周辺のような海洋の

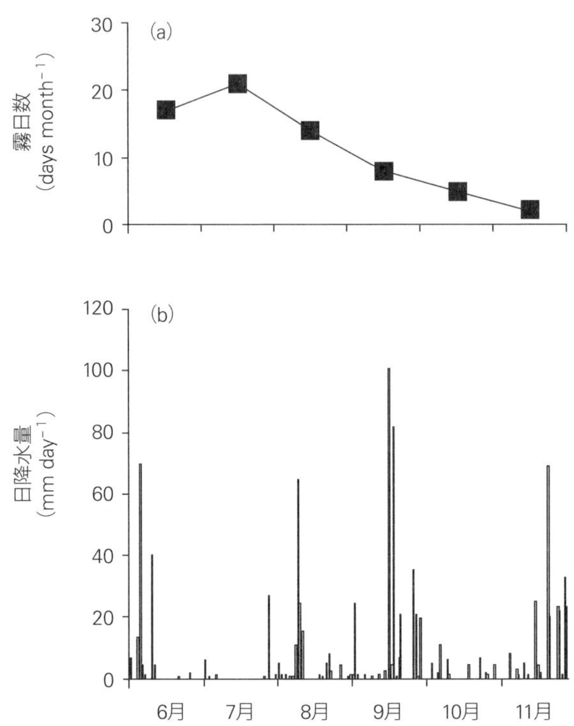

図35　3湿原で調査を行った期間の根室市における(a)月間霧日数と(b)日降水量(1997年)
北海道東部の太平洋に面した地方では，太平洋上で発生する移流霧の影響で，6月から8月に霧の発生頻度が高くなる。

影響を強く受ける地域では，海塩が乾性沈着物の多くを占めるのでナトリウムイオン，マグネシウムイオンや塩化物イオン，硫酸イオンが多く，また海岸線からの距離に応じてその量が変化する。樹木への乾性沈着量を正確に把握することは難しいが，林内雨や樹幹流の成分をもとに比較する。まず，おおまかにみて，霧の発生頻度が高い6月から8月と低い10月から11月とを比較すると，後者のほうが林内雨や樹幹流のイオン濃度が高く，樹木への乾性沈着量が多いことがわかる(**図36**)。さらに詳細に検討すると，7月には連続無降雨期間(1.0 mm以上の降雨がない期間)が21日間あり，21日間の霧日数を観測して

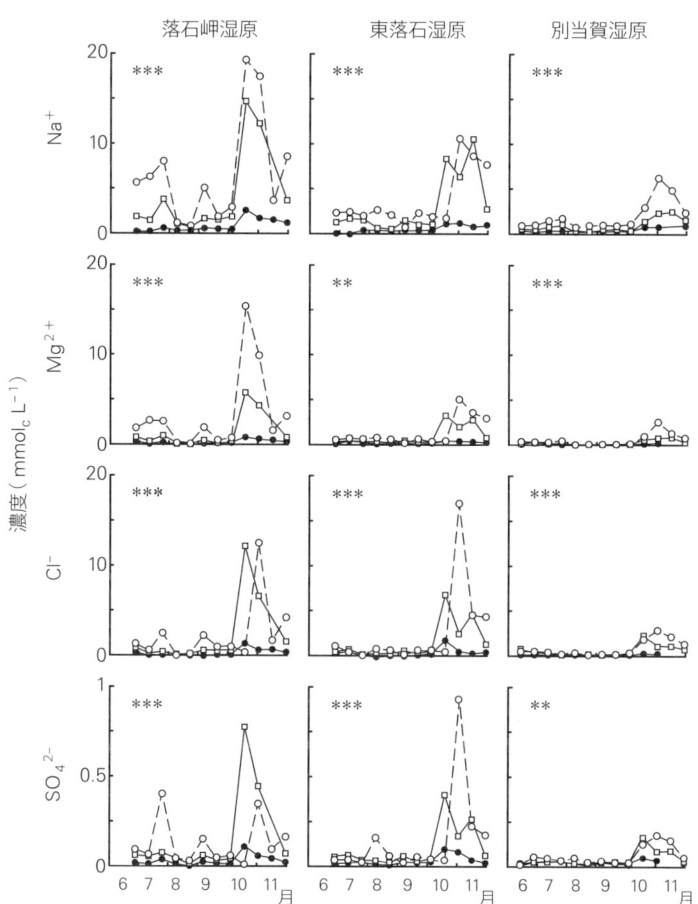

図36　落石周辺の3湿原（落石岬湿原，東落石湿原，別当賀湿原）における無積雪期（土壌の凍結期を除く）の露地雨（●），林内雨（□），樹幹流（○）中のイオン濃度の季節変動（1997年）
林内雨，樹幹流中のイオン濃度は露地雨より有意に高く，樹木に沈着した海塩が降水により洗脱されることを示している。濃度は当量で示す。図中の＊は露地雨，林内雨，樹幹流の間の有意差を示す。***：$p < 0.001$，**：$p < 0.01$。

いる。一方，10月の連続無降雨期間は最長9日間であり，5日間の霧日数を観測している。このことは，降雨の頻度が高い10月でも霧の発生が少ないので樹木への乾性沈着量が急速に増加し，つぎの降雨の際にこれが洗脱されて林内

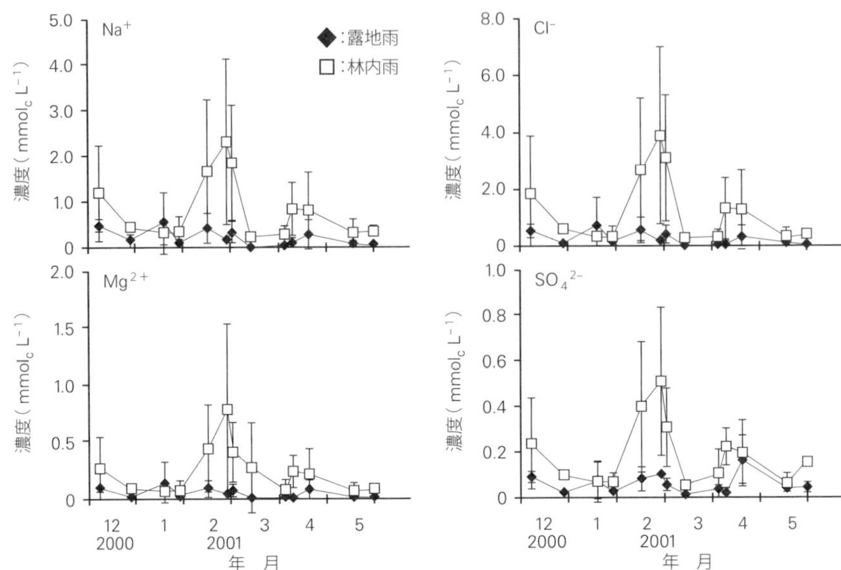

図37　落石岬湿原における冬季の露地雨 (◆), 林内雨 (□) 中のイオン濃度の季節変動
2月下旬に林内雨中のイオン濃度が高くなるが，これは長期間の無降水期間の後の最初の降水 (降雪) によって樹木に沈着した海塩が洗脱されたためである。雪にも洗脱効果があることがわかる。

雨，樹幹流に取り込まれて森林の土壌に到達することを示している。この現象は，冬季により明瞭に認められる。冬季は霧の発生がなく，また降水も雪によるものがほとんどであるが，北海道東部の太平洋側では降雪が少なく，落石周辺の湿原で積雪深が 30 cm を超えることはまれである。したがって，長期間の無降水期間があり，この後の初めての降雪または降雨の際に，樹木から大量の乾性沈着物が洗脱されることが実測で示されている (**図37**)。

降水に含まれる海塩の濃度は降水量にも依存し，降水量が少なければ相対的に濃度が高くなるので，それだけで沈着と洗脱の過程を議論するのは危険である。そこで，年間を通じた露地雨，林内雨，樹幹流による森林土壌への海塩の負荷量を用いた評価をあわせて行った[36)]。露地雨による大気中の浮遊物質，とくに海塩の負荷量は 9 月から 10 月に高くなったが，これはおもに台風による降水量の増加によるものである。露地雨による海塩の負荷量は海洋の影響をもっと

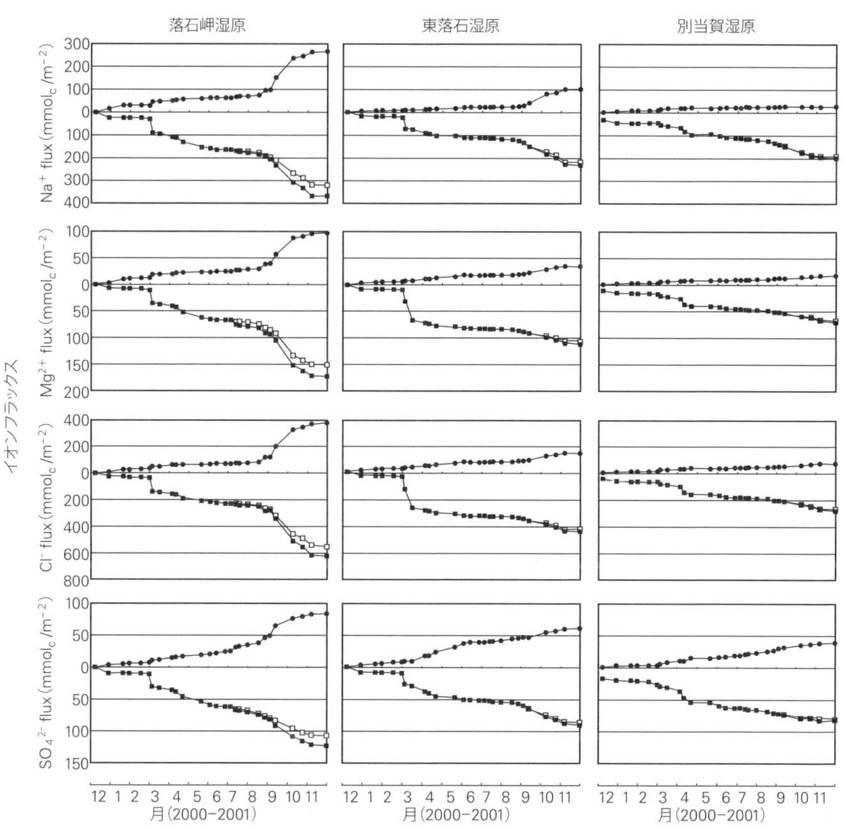

図38　落石周辺の3湿原における，降水による土壌表面へのイオンフラックスの積算値
それぞれの図のフラックスの値が0より上が露地雨(●)による，0より下ががが林内雨(□)，林内雨と樹幹流の和(■)によるイオンフラックスを示す。数値は12月からの積算量で示す。露地雨，林内雨ともに9月にフラックスが大きく増加するが，これは台風や低気圧の通過にともなう降水量の増加，および霧の発生頻度が低いために樹木への海塩の沈着量が多くなることと関係している。また，2月下旬から3月上旬にも林内雨によるフラックスの増加が認められるが，これは無降水期間に樹木に沈着した海塩が雪によって洗脱されたためである。

も強く受ける落石岬湿原で最大であり，雨滴による大気中の浮遊物質の直接的な捕捉効果も大きい。したがって，霧の発生頻度が高い時期に露地雨による海塩の負荷量が少ないのは，霧による大気の洗浄効果によるものであるといえよ

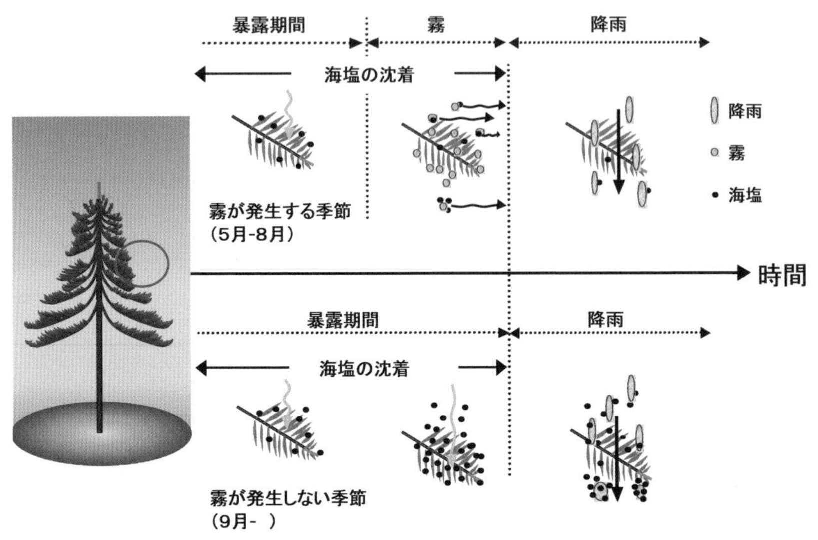

図39　樹木への海塩の沈着または洗脱におよぼす霧の影響を示す模式図
霧の発生頻度が高い季節には，霧によって大気中に浮遊する海塩が捕捉されたり，樹木に沈着した海塩が洗脱されるので，樹木に沈着したまま残る量が少なくなり，降雨の際に洗脱される量も少なくなる。一方，霧の発生頻度が低い季節には，海塩が樹木に沈着して蓄積するため，降雨の際に洗脱される量が多くなる。

う。すなわち，大気中の浮遊物質が霧粒子に捕捉されて少なくなっているので，雨滴に捕捉される量が少なくなるのである。林内雨と樹幹流による海塩の負荷量には，明瞭な2つのピークが認められる（図38）。これは，2月下旬の長期にわたる無降水期間後の降雪による負荷と，8月以降，とくに9月の負荷である。この時期は霧の発生頻度が低く，負荷量で評価しても霧の発生の増加・減少と，樹木への沈着または洗脱量の減少・増加がよく対応している。ただし，この測定は2週間間隔で行っているため，個別の降雨イベントに対する評価はできていない。本来であれば降雨ごとの精密な計測が必要となるが，ここでは1つの事例として霧の作用に関する考察を行った。

霧粒子のもつ高い浮遊物質の捕捉効果とそれによる大気の洗浄効果については先に述べたが，霧の発生頻度が高い時期に乾性沈着量が少なくなる理由もこれによるものと考えられる（**図 39**）。すなわち，霧が発生することで大気中に浮遊している海塩が霧粒子に捕捉され，濃度が低下する。したがって，乾性沈着物として樹木に沈着する量が少なくなる。その一方で，霧粒子そのものは湿性降下物として沈着しやすい。しかしながら，霧粒子が集まって水滴となり林床に落下することで，樹木から沈着物が洗脱される。また，霧粒子の多くは浮遊物質を取り込んだまま風によって輸送され，森林外へと物質を運搬する。この状態で降雨があっても，樹木に沈着している量は少ないため，林内雨，樹幹流の海塩の濃度はあまり変化しない。一方，霧の発生頻度が低い時期には霧による大気の洗浄効果が小さくなるため，樹木への乾性沈着量が多くなり，林内雨，樹幹流の海塩の濃度が高まる。興味深いことに，この時期には，露地雨でも海塩の濃度が若干高くなる傾向が認められる。これは，雨滴そのものが大気中の浮遊物質を捕捉した結果である。

7. 土壌凍結と渓流水

ここまで，大気から森林へ，そして森林から土壌への物質の動きについて述べてきたが，土壌に到達した物質はどのような動きをするのであろうか。鉱物質土壌の場合には，ライシメーターとよばれる土壌水あるいは浸透する水を捕集する装置を用いたり，あるいは明渠（めいきょ）や暗渠排水を定量・分析することで，土壌中の水の動きや土壌からの水の流出を調べることが可能である。しかし湿原の場合には，土壌中にすでに水が大量に存在するため，鉱物質土壌と同じ方法は用いることができない。これについて，落石岬湿原で試行した研究を紹介したい[41]。

落石地方の冬季の気象の特徴として降雪が少ないことは先に述べたが，降雪量や積雪量が少ないということは，土壌凍結につながる。落石岬湿原における土壌が凍結する深度（以下，土壌凍結深度という）を調べた結果，アカエゾマツ林の内と外では差はほとんど認められず，12 月下旬から表面より凍結が開始し，3 月中旬に 35 cm 程度の深さまで達する（**図 40**）。以後，土壌の表面と深層から融解が始まり，5 月上旬に凍結が解消する。この土壌凍結深度の測定には，メチレンブルー水溶液を入れた透明なチューブを土壌に埋設しておき，メチレ

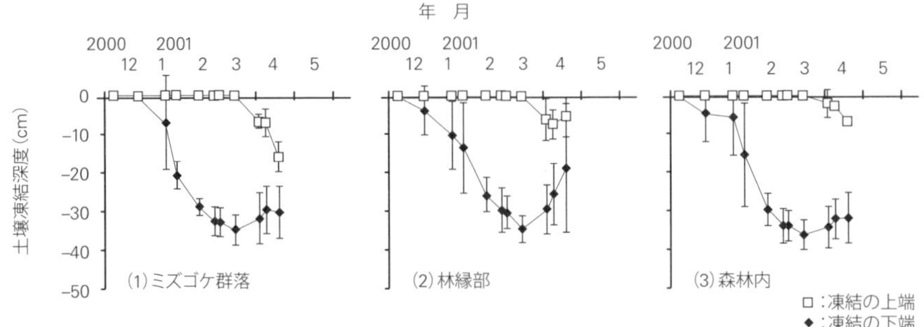

図40　落石岬湿原における土壌凍結深度の変化
落石岬湿原では，12月中旬に土壌表面から凍結が始まり，3月中旬にもっとも深くまで凍結する。その後，表面と深層から融解が始まり，5月初旬に凍結が解消する。

ンブルーの色の分離から深さをよみとる方法を用いた。メチレンブルー水溶液が凍結する際，メチレンブルーが固相から排除されて水溶液相により多く取り込まれるため，凍結している部分は透明で，水溶液部分が着色する。したがって，チューブ内の透明部分と着色部分との境界がそのまま土壌凍結が起こっている部分と起こっていない部分の境界になる。

凍結期には，降水はほとんど雪であり，積雪となってすぐには融解・流出することはないが，気温の変動にともない積雪は凍結・融解を繰り返し，一部は土壌から流出していく。落石岬湿原は海岸段丘上にあるため流入河川はないが，ここからの流出水によりつくられた渓流がいくつか存在する。この渓流水は部分的には凍結するが，厳冬期でも融雪水が流れ込んでいるため常時水流がある。この渓流水の水質を，湿原の泥炭水や露地雨，林内雨の水質と比較してみた。泥炭水は凍結期は採水することができないので非凍結期に採水した試料の測定値を用い，これが凍結期に深層に存在する泥炭水と類似しているとの仮定のもとで水質の比較を行った。その結果，土壌の凍結期，非凍結期ともに渓流水と泥炭水は類似した水質を示していることがわかった（**表2**）。とくに，海塩の主成分であるナトリウムイオンと塩化物イオンについては露地雨と渓流水では有意差が認められたが，渓流水と泥炭水には有意差は認められなかった。このことから，渓流水の主成分が泥炭水であることがわかる。さらに成分の濃

表2　落石岬湿原を水源とする渓流水と，露地雨，泥炭水の水質の類似性
海塩の主成分であるナトリウムイオン(Na^+)，塩化物イオン(Cl^-)およびCl^-/Na^+比について，凍結期，非凍結期の渓流水と露地雨，非凍結期の泥炭水それぞれとの比較を，Krusukal-Wallis検定により行った。土壌中での濃縮や希釈，吸着などの化学的変化の程度を比較するために用いたCl^-/Na^+比から，凍結期の渓流水の水質は露地雨に類似しており，露地雨の多くが土壌中で変化せずに，直接渓流に流入することを示している。渓流水との間の有意差は，**：$p < 0.01$，*：$p < 0.05$，NS：有意差なし，で示した。(Iyobe and Haraguchi[41] より引用)

	渓流水	露地雨	泥炭水
	（凍　結　期）		（非凍結期）
Na^+ ($\mu mol_c\,L^{-1}$)	878.8 ± 298.1	436.0 ± 387.1	595.1 ± 251.4
		**	NS
Cl^- ($\mu mol_c\,L^{-1}$)	934.0 ± 393.8	535.5 ± 573.8	816.8 ± 442.3
		*	NS
Cl^-/Na^+	1.06 ± 0.10	1.11 ± 0.26	1.31 ± 0.20
		NS	**
		（非　凍　結　期）	
Na^+ ($\mu mol_c\,L^{-1}$)	764.9 ± 272.9	243.7 ± 265.9	595.1 ± 251.4
		*	NS
Cl^- ($\mu mol_c\,L^{-1}$)	893.4 ± 250.3	386.5 ± 433.0	816.8 ± 442.3
		*	NS
Cl^-/Na^+	1.17 ± 0.79	1.43 ± 0.20	1.31 ± 0.20
		*	NS

縮や希釈の影響を排除してより詳細に解析するために塩化物イオン/ナトリウムイオン(Cl^-/Na^+)比をみると，非凍結期の渓流水は露地雨とは有意差を示し，泥炭水とは有意差を示さないのに対し，凍結期ではこれとは逆に露地雨とは有意差を示さず，泥炭水とは有意差を示した。つまり，渓流水の水質は，凍結期には比較的露地雨と類似しているが，非凍結期には泥炭水と類似している。

以上の結果から，非凍結期には降雨は泥炭層を通過して渓流に流れ込むのが主要な水の流れであるといえる。凍結期にも，濃度から判断すると，泥炭水が渓流水を構成する主要な成分ではあるものの，降水の直接的な影響が強く現れる。これは，土壌凍結が起きるとこの部分が不透水層となるため，表層と深層

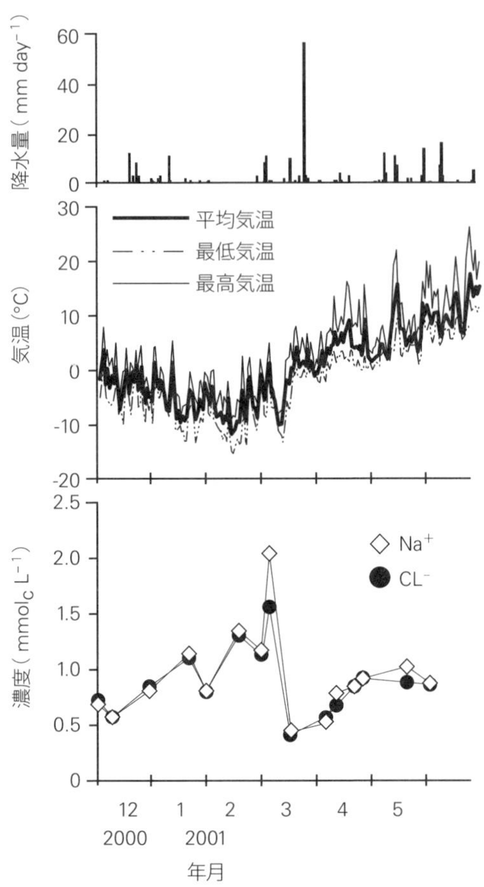

図41　**落石岬湿原から流出する渓流水中のイオン濃度と降水量，気温との関係**
渓流水中のイオン濃度は，土壌凍結の開始（12月）後徐々に増加し，2月下旬から3月上旬の降雪時に最大値を示す。

との間で物質輸送が遮断され，降水や融雪水を直接渓流に導くはたらきをもっていることを示している。

さて，少々解説が煩雑になってしまったが，上述の土壌凍結の機能をふまえて，渓流水の水質の変動について考えてみよう。土壌凍結が起こっている時期の渓流水の水質変化を海塩を例として示すと，時間の経過とともにしだいに濃度が上昇してゆくことがわかる（**図 41**）。これは，乾性降下物や降雪に含まれる海塩が土壌表層や積雪に蓄積・濃縮され，これが少しずつ融解・溶出して渓流に流れ込む過程でみられる濃度の変化と矛盾しない。この地域は厳冬期でも日最高気温が 0℃以上になることが多く，このときに土壌中の氷や積雪がわずかに融解し，渓流水を構成する。Cl^-/Na^+比がほぼ 1.0 になっていることから，土壌表面に降下した海塩がそのまま渓流に流れ込むことがわかる。とくに，3 月初めの降雪時に渓流水中の海塩の濃度が最大値を示すが，これは先にも述べた降雪による沈着物の洗脱効果によるものや，この降雪に続く融雪水量の増加により積雪や土壌表面に蓄積された海塩が急速に溶出するためである。この現象は，多雪地域では，アシッドショックとして知られているものと同じである[42)]。すなわち，積雪に蓄積・濃縮された酸性物質が，融雪初期，とくに最初の降雨時に一気に流出し，渓流水を強酸性化する現象である。

これと類似の現象は熱地域帯の泥炭湿地林における硫酸の流出過程でも認められている。熱帯地域の泥炭湿地林は，かつてマングローブや塩湿地であった場所に，海水面上昇にともなって泥炭が堆積して形成されたため，泥炭層の下層にはイオウ化合物を含むパイライト（黄鉄鉱；FeS_2）が含まれていることが多い。近年の泥炭地の開発や森林火災などによる泥炭層の消失でパイライトが大気に触れて酸化されると硫酸が生じて酸性硫酸塩土壌となる。この土壌から流出した硫酸は泥炭地から河川へ，さらには海洋に流入するため，開発が進んだ泥炭湿地林周辺では広域的に硫酸による環境の酸性化が進んでいる。酸性化は生物群集の変化をもたらすほかに，土壌から栄養塩が流出したり，アルミニウムや重金属が可溶化することで有害物質の拡散をまねき，広域的に生態系を攪乱する要因となる。この硫酸の流出はとくに雨季に顕著にみられるが，これは乾季に土壌中に蓄積した硫酸が雨季になり降雨によって急速に流出するためであると考えられる。

8. 落石周辺の湿原の保全

落石周辺の湿原は，山地の湿原（第 3 章）同様に，わが国のなかではかなり自然な状態で残されているといえよう。落石周辺の湿原は，同じく海洋の影響を受ける低地に形成された釧路湿原や霧多布湿原，あるいはサロベツ湿原とは異なり，海岸段丘上に立地する。釧路湿原などでは河川の氾濫原で物質の供給を受けつつ発達した栄養性の高いfenが広い面積を占めるのに対して，流入河川がない海岸段丘上の湿原は降水涵養性で，貧栄養なbogに分類される。ただし，海洋からの海塩供給によって通常のbogよりは栄養性が高く，poor fenとよぶほうが適切なこともある（61ページ参照）。このような自然な栄養性を保つことが落石周辺の湿原を維持していくうえで重要であるが，これは気象条件に左右されることなので，人間の力ではコントロールすることはできない。海塩が土壌に供給される経路をみても森林が重要な役割を果たしているので，森林の保全についても考える必要がある。ミズゴケ群落とアカエゾマツ林との複合体として存在する落石周辺の湿原は，必ずしも両者が共存する必要はなく，単独でも成立しうるものであろう。しかし少なくとも現状では両者が物質循環においてそれぞれ異なった機能をもち，異なった土壌を形成することによってそれぞれの群落が維持されている。これが群落間での環境のギャップを形成すると同時に境界面での両者の相互作用によってその境界が維持されている。このような境界面では，一方の群落が急速に変化すると，他方の群落にも大きな影響がおよぶ可能性が高い。アカエゾマツ林が崩壊すれば森林における物質のバランスも崩れ，たとえば有機物の分解速度の急激な上昇によって回帰した栄養塩がミズゴケ群落へと流入し，富栄養化や植生の変化を促すことも考えられる。このような意味でも，湿原に成立するアカエゾマツ林の保全を考える必要がある。

先にも述べたように，湿原に成立するアカエゾマツ林の更新過程に関してはまだよくわかっていない。森林内に実生や稚樹がほとんどみられないことから一斉更新している可能性もあるが，仮にこのような場合でも，そこからの栄養塩の流出をできるかぎり抑制し，隣接するミズゴケ群落への影響を最小限にとどめると同時に，アカエゾマツ林の再生を促すような手だてが必要であろう。もちろん森林の崩壊につながる人為的要因（樹木の盗伐など）をなくすことも重要であるが，湿原の水環境を自然状態に常に保つ工夫が必要であると思われる。

図42　フィンランドのラップランドにある湿原の修復
植林のために排水した湿原（泥炭地）をもとの状態に修復する事業がフィンランド各地で積極的に行われている。排水のために掘削した明渠に堰を築き，水位を高く保つことによって泥炭の形成が促進される。右下の写真は，堰の構築の後，10年間で泥炭の形成が進み，もともとこの湿原の構成種であったヨーロッパアカマツの成長が促進されたことを示している。落石周辺の湿原でも，このような修復の必要がある。

釧路湿原やサロベツ湿原でも同様であるが，低地の湿原は人間が入りやすいという理由から農地への改良が促された。石狩泥炭地では農地化が成功し，現在では広大な農地が広がり高い作物生産を上げているが，一方サロベツ湿原では一部を除いて改良がうまくゆかず，現状ではササの侵入による湿原植生の変化が問題になっている場所も多い。農地への土地改良では，最初に明渠を掘って排水を行うが，これが土地の乾燥化を進める。落石周辺の湿原においても同様で，湿原には必ず排水路がみられる。落石周辺の湿原は釧路湿原やサロベツ湿原とくらべると小規模であり，改良を行っても大規模な農地に転換することはできないが，一方で小規模であるがために排水も容易であるためかつて改良の対象とされたのであろう。しかしながら，現状では改良は中止され排水路がそのまま残された状態となっており，湿原の中の水はここから流出していく。小規模であるがために排水路の影響は大きく，人が入る前とくらべると現状はかなり湿原の水位が低下していると思われる。そこで，1つの方法として，排水路を閉塞して湿原の水位をもとに近い状態にまで上げることが有効な手だてではないかと思われる。湿原の水位が上昇すれば泥炭表面の水量も増加し，有機物の分解速度が低下する。したがって，仮にアカエゾマツ林が崩壊しても，有機物の急速な分解による栄養塩回帰はかなり抑制できると思われる。

湿原の水位が上昇すれば，泥炭の形成・堆積も促進される。近年，フィンランドやアイルランドでは湿原（泥炭地）の復元のために，排水路を閉塞する事業が積極的に行われている（**図 42**）（203 ページ，**図 104**，**図 105** を参照）。広大な湿原（泥炭地）を有するフィンランドではかつて，主として森林への転換のために湿原の排水が行われた。一見自然にみえる湿原でも，ほとんど必ずといってよいほど排水路が掘られている。排水路を完全に埋めてしまうのは難しいが，堰を設け，排水路の水位を高く保つようにすれば湿原全体の水位は次第に上昇し，排水路にもやがて泥炭が堆積し，もとどおりの湿原に回復する。時間はかかるが，10 年程度ですでにその効果が認められている湿原も多い。けっして短期間で効果が得られるものではないが，落石周辺の湿原でもこのような事業を始めてみてはどうだろうか。

Wetlands of japan

第3章

Chapter 3

山地の湿原

3–1　北海道北部の山地性の湿原

1. 北海道北部の湿原

北海道では東部と同様に，北部にも湿原が広く分布している。東部ほど強く霧の影響はみられないが，寒冷な海洋性の気候のため，低地であっても泥炭が堆積している。同じ北海道北部に分布していても，東のオホーツク海側と西の日本海側とでは湿原のタイプが異なる。湿原のタイプを決める要因は，気温，降水量，日照時間，空中湿度，風速などの気象条件のほかに，地形やこれにともなう水理・水質環境などで，これらが生物群集の構造に影響をおよぼす。南北

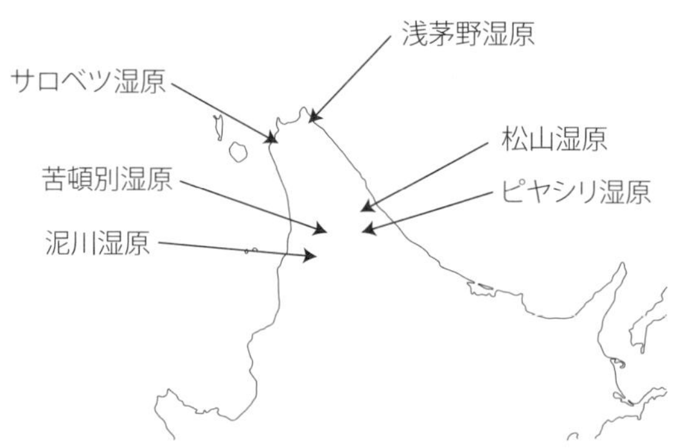

図43　北海道北部の湿原の位置
北海道北部には，サロベツ湿原や浅茅野湿原などの海洋性の湿原のほか，緩斜面に山地性の湿原が点在している。

にはしる山地帯を境に冬季の積雪量が異なるなどの気象条件の違いが，オホーツク海側と日本海側の湿原で植生に差を生ずる原因であると考えられる。

北海道北部には，日本海側に分布する広大なサロベツ湿原，オホーツク海側の浜頓別北部にある浅茅野湿原など，海洋性の湿原が広く分布しているが，山地帯には山地性の湿原がいくつかみられる（**図 43**）。緩斜面に立地する苫頓別湿原，松山湿原や朱鞠内湖に流入する泥川の河口域に分布する泥川湿原などがあり，これもさらにさまざまなタイプに分けられる。本節では，北海道北部の山地帯にある湿原から苫頓別湿原と泥川湿原での研究例を紹介する。

2. 苫頓別湿原

苫頓別湿原は，北海道大学の研究林の中にある山地性の湿原である（**図 44**）。標高約 700 m の尾根の緩斜面にできた面積約 3.0 ha の小さな湿原で，密集したチシマザサ群落に囲まれている。この湿原には，中央部で厚さ 3.4 m，周辺部で 1.8 ～ 2.3 m の泥炭が堆積している[43)]。^{14}C 年代測定から中央部の泥炭層では基底部（深さ 343 cm）の年代が 2,279 ± 72 yBP（測定値を補正した年代）とされ，比較的新しい時代に泥炭の形成が開始したといえる。湿原には深さ 1.5 ～ 2.0 m の池塘がいくつか存在し，ここを流れた水が落差約 1.0 m の段から湿原の外に流出する構造になっている。周囲のチシマザサ群落とは植生に明瞭な境界がみられることから，この湿原は小さなカルデラのような凹地が起源となって形成されたと考えられる。この地域は朱鞠内湖北部に広く分布する第三紀中新世に形成されたピッシリ岳層（約 1,180 万年前）から構成される。近年の火山活動は記録されていないが，地質的には安山岩が基岩となっている。湿原をとりまくチシマザサ群落はきわめて稈が密で，群落高が 2.5 m 程度あり人が歩くのもきわめて困難であるが，湿原との境界で急に湿原植生に移行する（**図 44**）。湿原の縁となる 2 m ほどの緩衝帯にはミズバショウ，ヨシ，オオカサスゲなどが生育するだけで，湿原のほとんどの部分はミズゴケが優占する bog である。厳冬期には 3 m を超える積雪がみられるが，雪の下では湿原の表面は融解した水で満たされており，厳冬期にも温和な環境で植生が維持されている。

この湿原の優占種はイボミズゴケ，ムラサキミズゴケ，ワタミズゴケ，ハリ

図44　**苦頓別湿原**
苦頓別湿原は標高700 mの尾根上の緩斜面に成立している。湿原内には池塘が7つほど存在し，湿原表面の水路や地下水路で結ばれている（上図）。湿原は密なチシマザサ群落に囲まれ，ミズゴケ群落との境界にはミズバショウなどが生育し，緩衝帯となっている（下図）。

ミズゴケで，ミズゴケのほかにはワタスゲ，ツルコケモモ，ヌマガヤ，タチギボウシ，ミカヅキグサ，ヤチスゲ，ホロムイスゲ，ホロムイソウが生育している。また，池塘にはミツガシワが生育する。この湿原は集水域をほとんどもたない山地帯にあるので，降水により涵養されている。したがって，栄養性が低いbog特有の水質を示す（**表3**）。たとえば，電気伝導度は0.9～3.6 mS/mの範

表３　苫頓別湿原の水質
1996年8月9日に苫頓別湿原内の9地点で測定された表層水の水質を示す。

	池塘	緩衝帯	湿原中央
pH	5.0 ～ 5.2	4.7 ～ 4.9	4.4 ～ 4.6
電気伝導度（mS/m）	0.9 ～ 1.0	1.3 ～ 3.0	2.2 ～ 3.6
Cl^-（mg/L）	0.5 ～ 2.1	0.6 ～ 5.4	3.4 ～ 3.5
SO_4^{2-}（mg/L）	0.0 ～ 0.3	0.3 ～ 0.8	0.0 ～ 0.2
NO_3^-（mg/L）	ND	0.0 ～ 0.3	ND
NO_2^-（mg/L）	ND	ND	ND
PO_4^{3-}（mg/L）	ND	ND	ND
NH_4^+（mg/L）	ND	0.0 ～ 0.6	ND
Na^+（mg/L）	1.1 ～ 1.4	1.5 ～ 1.6	2.0 ～ 2.1
K^+（mg/L）	0.3 ～ 0.5	3.2 ～ 5.4	1.1 ～ 1.6
Mg^{2+}（mg/L）	0.1 ～ 0.3	1.5 ～ 1.6	0.1 ～ 2.6
Ca^{2+}（mg/L）	0.1 ～ 1.6	0.3 ～ 3.4	0.3 ～ 9.7

ND：検出限界以下

囲にあり，落石周辺でみられる海洋性の湿原と比較すると1/3 ～ 1/10程度の値である。フィンランドにある内陸性のbogと比較すると電気伝導度の値が同程度であったことから，苫頓別湿原は海塩の供給をほとんど受けない内陸性の湿原であるといえる。このような内陸性の湿原ではpHや電気伝導度など水質の指標となる値が植生や涵養性，あるいは微地形の違いにより大きく変動するため，その湿原の栄養性や涵養水の起源を知るうえでの重要な情報となる。苫頓別湿原についてみると，湿原の中央部とチシマザサ群落の間にある緩衝帯とでは水質がかなり異なる。測定地点によるばらつきはあるが，緩衝帯ではカリウムイオン（K^+），硫酸イオンの値が相対的に高く，とくに硝酸イオンとアンモニウムイオン（NH_4^+）は緩衝帯でのみ検出された。逆に湿原中央部ではナトリウムイオン，マグネシウムイオンとカルシウムイオン（Ca^{2+}）が相対的に高くなっていた。緩衝帯は相対的に富栄養な環境でミズバショウなどが生育するのに対し，湿原中央部は窒素やカリウムが欠乏する貧栄養な環境でミズゴケが生育している。場所により突発的に高いイオン濃度を示すが，これは苫頓別湿原に限った現象ではなく，後で述べる浅茅野湿原でも知られている。筆者の経験でも，フィンランドの湿原で均一な植生の場所から数地点を選んでイオン濃度を測定すると，10地点に1地点程度突発的に高いイオン濃度を示すのが普通である。このような値が測定されると異常値として通常は除外され，報告にのぼることは少ない。もちろん理由がわからないために異常値とされてしまうのであるが，泥炭層中を伏流する水の湧出が原因となる場合があり，これは浅茅野湿原（130ページ）の事例で述べる。

苫頓別湿原のへりの部分は，生産性の高いチシマザサ群落から流れ出る水に含まれる栄養塩をミズバショウやヨシが吸収して生育することで，結果的に湿原の貧栄養な環境を維持する緩衝帯としての機能を果たしていると考えられる。

3. 泥川湿原

同じく北海道大学の研究林内にある朱鞠内湖北岸に流入する泥川の河口域には，アカエゾマツが優占する泥川湿原が分布している（**図45**）。泥炭層の厚さは1.5～2.0mで，泥川の氾濫原に形成された湿原である。アカエゾマツの樹高は20mにまで達し，湿地性の群落としては成長がかなりよい。これはその成育場所が氾濫原という富栄養な条件であることによるが，湿地性のアカエゾマツ林がこのような場所に成立する例は少ない。水環境は春国岱に近く，比較的地下水深が浅い場所であり，土壌が乾燥化する方向に水環境が変化すれば，容易にトドマツなどのほかの樹種が優占する森林に変化しうる。

泥川湿原ではアカエゾマツの林床にはチシマザサが密生しており，その群落高は1mを超える。このような植物相は北海道東部ではみられないし，海洋性の浅茅野湿原ではチマキザサが生育するが，その群落高は50cmを超えることはない。泥川湿原の水質や土壌に関するデータは公表されておらず，筆者らの調査でも得られていないが，チシマザサの良好な成長やアカエゾマツの樹高とあわせても，泥川湿原は河川による栄養塩供給を受けている富栄養な環境にあるといえよう。

泥川河岸から50mの地点までヨシをともなうヤチダモ林が分布し，ここか

図45　泥川湿原
朱鞠内湖に流入する泥川の河口近くの後背湿地にアカエゾマツが優占する（上）。林床にはチシマザサ群落がみられるのが特徴である（下）。

らアカエゾマツ林へと移行する（**図46**）。ヨシが分布する地点の地下水深は地表から10cm以内で，アカエゾマツ林での平均的な水深（－15～－20cm）より浅い。アカエゾマツ林内には随所に水がたまった場所があり，林床の水環境はたいへん不均一である。アカエゾマツ林の分布の中心は，1995年に行った調査で設けた測線上では300m付近を頂点とする盛り上がった地形上で，河川の氾濫の影響は小さい場所であるといえよう。このような場所には部分的にミズゴ

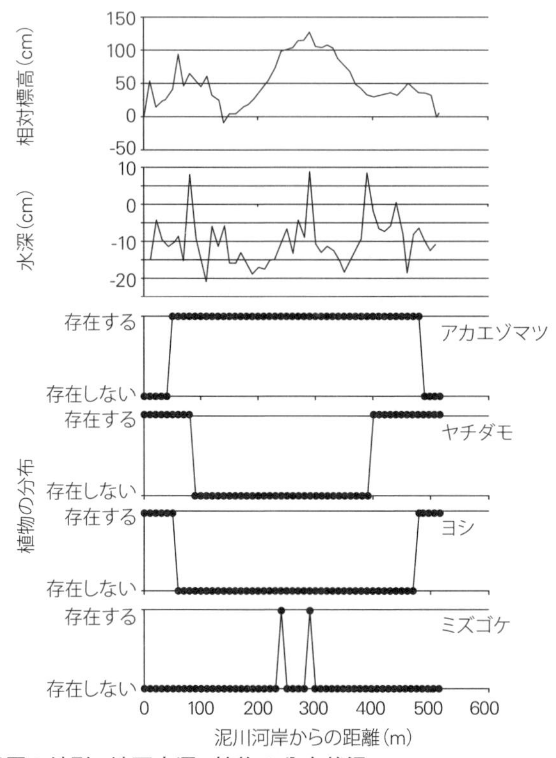

図46　泥川湿原の地形，地下水深，植物の分布状況
泥川湿原において，泥川河岸から湿原を横断する方向に測線を設けた。泥川河岸を基準とした相対標高，地表に対する相対水深，およびアカエゾマツ，ヤチダモ，ヨシ，ミズゴケの分布状況を示す。測定は1995年に行い，水深のみ9月から11月の測定値の平均値を示す。

ケが生育している。ヨシ群落は典型的な河岸の植生であるが，アカエゾマツ林が河川の氾濫原に分布する例は，落石周辺の温根沼(おんねとう)周辺でみられるほかはあまり例がない。また，アカエゾマツの林床にチシマザサが分布し，これが泥炭上に立地している例は泥川湿原に特異的である。さらにチシマザサをはじめササ類は乾燥化が進んだ土壌に生育するのが一般的で，自然状態で泥炭地にササ類が生育するのも泥川湿原に特徴的である。北海道北部にチシマザサが分布するのは，積雪の深さに理由がある。積雪は，ある程度以上の深さに達すると地表面を保温する効果が生ずる。このため，積雪量が多い地域では土壌凍結せず，土壌の表面は常に約0℃に保たれる。これに対し，北海道東部のように積雪がたかだか50 cm 程度の場所では土壌凍結が起こり，土壌の表面は氷点下の低温にさらされ，一部の耐凍性をもった種のみが生育できる。

雪はそのものが保温効果を有するため，積雪の多い北海道北部では植物が越冬芽を積雪の中で形成することができる。翌年の成長を考えると，越冬芽をなるべく上方につくる種のほうが伸長には有利である。チシマザサは越冬芽を枝の比較的高い位置につけるため，ほぼ積雪深に相当する2～3 m にも達する群落高をもつ密な集団を形成できる。前述したが，このチシマザサ群落の中を歩くのはたいへん困難をきわめる。しかし，積雪期にはチシマザサが雪の下に埋まってしまうので，その上を歩くことが可能になる。したがって，この地域では森林関係の作業は冬季に行われることが多い。

このほか，山地の緩斜面には，松山湿原，ピヤシリ湿原，中の嶺湿原など山地性の湿原が分布している。それぞれ地形や地質が異なるものの，アカエゾマツなどの樹木をともなうミズゴケの優占する湿原が発達する点で共通している。

3–2　火山がつくる湿原 — 九重 —

1. 火山性の湿原

泥炭をともなう湿原の分布は西南日本ではまれではあるが，九州の山間部には中小面積の泥炭地が分布している（図47）。本節で解説する阿蘇火山地域北部の九重（くじゅう）火山群のなかにあるタデ原湿原，坊ガツル湿原（図48）のほか，佐賀県にある樫原（かしばる）湿原，鹿児島県の藺牟田（いむた）池，屋久島の花之江河（はなのえごう）などが泥炭をともなう湿原である。これらの湿原は藺牟田池が標高290 m，樫原湿原が600 m など低山帯にもみられるが，ほかは1,000 m 以上の山地帯に分布している。したがって，気候帯は暖温帯に属するものの，湿原が分布している標高ではやや冷涼な気候になり，タデ原湿原（標高1,000 m）では年平均気温が約10℃である。これは，植生の水平分布でいうとミズナラが優占する夏緑樹林帯の気候に相当する。九重火山群は阿蘇火山地域でも北部に位置するため，冬季は季節風の影

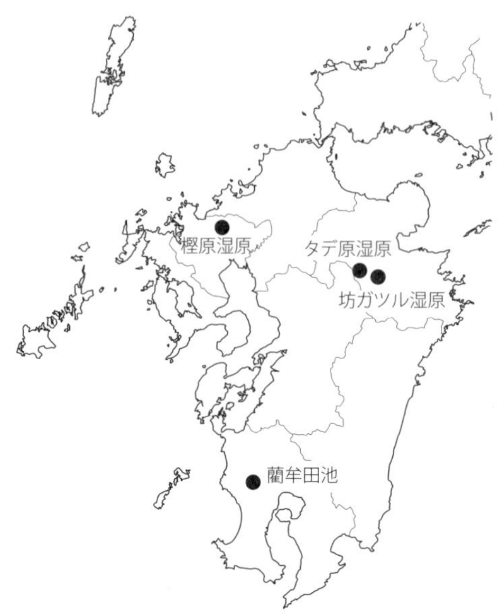

図47　九州地方の泥炭をともなう湿原の分布
九州は，山地を除いて暖温帯に属するため，低地に湿原はみられない。山地にはいくつかみられるが，降水量が多い場所に限られる。阿蘇火山地域の九重火山群にあるタデ原湿原や坊ガツル湿原は比較的規模の大きな湿原で，火山の影響を強く受ける。

響を直接受け，しばしば積雪がみられることから，この地域の気候は本州中部の日本海側に相当すると考えられる。積雪深は東北地方ほど深くはないので，新潟県北部の海岸地帯に類似した気候であると考えてよいであろう。新潟県北部にはラムサール条約登録湿地である佐潟（さかた），瓢湖（ひょうこ）などがあり，ハクチョウなどの渡り鳥が渡来するなどの理由から重要である。新潟県では泥炭をともなう広大な湿原は標高が高い地域に限られ，低地には升潟（ますがた）（**図49**）や笹神丘陵に点在する湿原など小規模な湿原が少数みられるのみである。東北地方でも泥炭をともなう湿地は1,000 m を超える山地帯に分布の中心があり，低地に分布する海洋性の湿原は北海道東部・北部に至るまではあまり存在しないことから判断して，本州中部の日本海側の気候に相当する九重火山群に泥炭地が分布していることは，この地域の標高が高いとはいえ希少な存在であるといえよう。

図48　タデ原湿原（上）と坊ガツル湿原（下）
九重火山群の北の緩斜面に広がるタデ原湿原は，噴煙を上げる九重硫黄山などの火山の影響を常時受けている。坊ガツル湿原も同様な場所にあり，火山灰の降灰のほか，火山ガス，土石流や火山性の湧水の影響を強く受けている。

九州の山地帯に湿原が成立する理由の1つとして，降水量がたいへん多いということがあげられる。屋久島の花之江河（標高1,600 m）では降水量が4,000 mmをやや超え，タデ原湿原や坊ガツル湿原でも年間降水量が3,000 mmに達し，熱帯雨林地域に匹敵する。樫原湿原でも年間降水量が2,200 mmあり，

図49　升潟（新潟県新発田市）
タデ原湿原や坊ガツル湿原は，本州中部の日本海側と気候が類似している。ここには升潟などの泥炭地が点在するが，これらは湖沼の一部や湧水など涵養水の条件が限られた場所に成立した小規模な湿原で，尾瀬ヶ原のような広大な湿原は標高が高い場所に限定されている。升潟では低地にあってもミツガシワなど氷期の残存種である北方系植物（148ページ参照）が多数生育することから，寒冷な時期には低地にも泥炭地が広く分布していたことがわかる。

低地と比較すると多い。また，タデ原湿原や坊ガツル湿原では冬季に15cm程度の積雪がみられるが，このことも湿原への水供給に重要な意味をもつと思われる。積雪は一時的ではあるが水を蓄え，徐々に供給する機能（理水機能）をもち，さらに積雪による保温効果（93ページ参照）で湿原の植物が凍結しないことなど，湿原の維持における役割は大きい。

タデ原湿原，坊ガツル湿原は，単に標高が高いということだけではなく，阿蘇火山地域の中に位置し，すぐ近傍には噴煙を上げる九重硫黄山があることから，現在も火山活動の影響を受けているという特徴をもっている。火山と湿原の関連についてはまだ十分に研究されているわけではないが，火山国である日本の湿原の多くは多少なりともその影響を受けているため，これまでにも湿原植生と火山活動との関連を議論したいくつかの研究が報告されている。まず，これらの研究例を紹介しよう。

2. 火山灰の降灰による植生の変化

日本の湿原は，泥炭層中に火山灰層を含むのが一般的である。とくに泥炭地が多く分布する北海道には火山も多く，泥炭層中には必ずといってよいほど火山灰層が認められる。比較的最近降灰した火山灰には雌阿寒岳や樽前山からのものがあり[10]，北海道東部では西暦1739年に噴火した樽前山の火山灰が泥炭表面付近に堆積している。京都市の深泥池（140ページ参照）の泥炭層にも鹿児島県沖の鬼界カルデラから放出されたアカホヤとよばれる火山灰層が認められるように，日本は広域にわたって火山灰の降灰を受けているといえよう。火山の影響については，泥炭地の主要な分布地域であるフィンランドやアイルランド，カナダではみられないために研究例がなく，日本は火山と湿原の関係を知るうえでたいへん重要な場所である。

火山活動と湿原植生との関連については，Wolejko & Ito[44]によるtephra trophic（火山灰涵養，すなわち火山灰起源の栄養塩供給）の概念がさきがけ的研究である。tephra trophicの概念を簡単に解説すると，日本の湿原は必ずといってよいほど火山灰の影響を受けており，この火山灰から溶出する栄養塩が原因でヨーロッパ各地の湿原より栄養性が高くなっており，これが湿原植生にも影響しているということである。つまり，火山灰には施肥の効果があるという。確かに火山灰の組成をみると栄養塩となる元素の含有量が多い。そのうちの一部はすぐに溶解して栄養塩として利用できるものもあるが，元素の多くが植物に利用されるようになるのは，火山灰が母材となって風化作用を受け，土壌の形成が始まった後であるので，降灰後即時的に植生が火山灰由来の栄養塩の影響を受けるとは考えにくい。

火山灰のもう１つの効果として，通気性を改善したり酸性状態を中和するなど土壌改良剤としての機能がある。火山灰が既存の土壌の上に降灰すると，とくに湿原のような通気性の悪い土壌ではそれが改善されて微生物の活性が高まることで有機物分解が促され，結果として回帰する栄養塩の量が増える。また，火山灰の粒子の表面で微生物が増殖するため，火山灰層の付近で微生物の量が多くなる。筆者らの研究でも火山灰層の付近で土壌中の交換性陽イオン濃度が高くなる傾向が認められており，火山灰が土壌の化学的環境に影響をおよぼしていることは事実であろう。火山灰の降灰によって回帰した栄養塩が微生物の増殖を促すため，泥炭の分解がさらに進み，泥炭地の栄養性が増す。先のWolejko & Ito[44]は火山灰が直接富栄養化を促すプロセスまでは議論していないので，このような土壌改良剤としての機能も含めてtephra trophicの概念を解釈するのが妥当であろう。

その後Hotesら[45, 46]が火山灰が直接湿原植生におよぼす影響を実験的に調べた。Hotesら[45]は，サロベツ湿原において泥炭表面に火山灰を撒布して人工的に降灰を起こし，土壌環境の変化，植生への影響について解析を行った。その結果，土壌への酸素の供給速度が上昇し，酸化還元電位が上昇することをあきらかにした。これが直接植生を変化させる方向に導くとの結果は得られなかったが，酸化還元電位の上昇は有機物の分解を促進し，これにともなって栄養塩の回帰も促進されるため，栄養性が高い土壌で生育する植物，すなわちfenで優占する種が増加してくる可能性が示唆された。たとえば，降灰によって貧栄養なミズゴケの優占する湿原がより富栄養な植生に変化するかもしれない。しかしHotesら[46]は霧多布湿原の泥炭層と火山灰や砂丘堆積物からなる層の垂直分布（層序）を解析して得られた植生の変遷から，わずかな事例を除き，火山灰の降灰が貧栄養な植生から富栄養な植生，すなわちbogからfenへの変化を促すものではないことを示した。Hotesら[45, 46]の研究は，Wolejko & Ito[44]のtephra trophicの概念に反する事例が多いことを述べたものであるが，たとえば霧多布湿原は，火山近傍にあって火山活動の影響を常時受けているような湿原とは異なり，数cmから十数cmの火山灰の降灰を数百年に一度しか受けないため，植生に変遷を引き起こすに足る降灰を受けているわけではないのであろう。いずれにしても，Hotesら[45, 46]は，降灰後十分に時間が経過するともとの植生に戻ることを，同じく霧多布湿原の層序の研究からあきらかにしている。Hotesらの研究[45, 46]は，湿原において火山灰による攪乱の効果が土壌環境の変化におよび，植生に変遷を促す要因となりうること，また，降灰によって植生に変化が起こっても時間の経過とともに自律的にもとの植生に戻ることをあきらかにした点で重要である。

火山の影響には火山灰のほかに，軽石などの火山起源の堆積物が降雨で流

図50　タデ原湿原付近の土壌
タデ原湿原や坊ガツル湿原の土壌は，何層もの火山灰層から形成されている。火山灰が堆積した後，その表層が土壌の形成作用を受け，さらにまた火山灰が堆積するという過程を経て現在の土壌が形成された。このような形成過程のなかで，水位が高い場所には泥炭が堆積し，湿原植生が成立している。

されて発生する土石流による物理的攪乱，二酸化イオウを含む火山ガスに直接暴露したりこれが降雨に溶存して酸性の湿性降下物となることによる化学的攪乱，火山性の湧水や温泉水の流入による物質負荷など，さまざまな要因がある。また，このような火山性物質の発生源から湿原までの距離やその輸送経路によって，その影響の程度もさまざまである。大規模な噴火による広域火山灰の影響はきわめて広範囲におよび，火山から離れた場所では植生に対する影響は甚大ではないが，近傍では大量の降灰によって植生は壊滅的な攪乱を受ける。また，火山ガスや土石流，湧水の影響がおよぶ範囲も火山の近傍に限られるが，これらの物質の流入は恒常的に続くため，その影響は短期的には小さくても累積としてみれば大きくなる場所もある。このように湿原と火山との関係は複雑で，個々の湿原で，また１つの湿原の中でも位置による違いが大きい。火山活動そのものも時間的な変化が大きく，火山の影響に関する研究は，それぞれの湿原で継続的に行う必要がある。タデ原湿原や坊ガツル湿原周辺では幾層もの火山灰層が認められ，火山灰の堆積とこれに続く土壌形成，さらにその上層へ火山灰の再降灰という繰り返しがみられることから，まさに恒常的に火山活動の影響を受けている湿原であるといえよう（**図50**）。以下，このような火山性の湿原が立地する環境や植生の遷移についての研究例を紹介しよう。

3. 湿原の涵養水

湿原の水がどこから供給されるのか，すなわち涵養水の起源は湿原の成立，維持，保全を考えるうえでたいへん重要である。広い集水域をもつ湿原，たとえば釧路湿原のような場合には涵養水の由来があきらかであり，集水域の状況を調べることで涵養水の状態が評価できる。しかし，山地性の湿原の場合には一般に集水域はさほど広くはなく，とくに苫頓別湿原のような尾根上の湿原ではわずかな集水域しかもたないため，ここからの涵養水だけでは水収支のバランスが説明できない場合も多い。また，同じく山地性の湿原でも森林が発達していなければ集水域の理水機能はほとんどなく，仮に降水量が十分であったとしても，常時湿原に水を供給できるほどではない。本州中部の山地にも小規模な湿原が数多く存在するが，同じ山地性の湿原でも地形的に水がたまりやすい場所に成立していることが多いので，規模的にも流入する涵養水だけで湿原が維持できる。大規模なものでも尾瀬ヶ原の場合には，湿原をとりまくように広がる山地の渓流から多量の水が流れ込むことで，広大な湿原が涵養されていると考えられる。

タデ原湿原，坊ガツル湿原は標高1,000 m前後の山地帯に位置し，近傍には活動中の火山が存在し，集水域は狭くて森林も発達していない部分が多い。先に述べたように局所的には熱帯雨林並みの降水量を有するが，ここの集水域の理水状態では降雨時に湿原に流入する水量が増大しても，渇水時にはまったく供給されなくなる。浅い湖盆状をしているので水が蓄えられるような地形ではあるが，湿原は緩斜面に広がっているので，降水のみで湿原が維持されるとは考えにくい。そこで，直接流入する降水以外の涵養水が必要となる。タデ原湿原，坊ガツル湿原は，いずれも山麓の扇状地の上に発達しており，これらの湿原の上流部の遷緩（せんかん）点（傾斜が緩くなる場所）には複数の湧水がある。これが湿原に直接流入していることから，湧水が涵養水として重要であると考えられる。湧水は降水が地下に浸透して形成されるものであるので，この地域の降水量の多さと湧水の存在が関係していることは事実である。湧水の水量は年間を通じてほぼ一定で，降水量が少ない時期にも湿原に水を供給しているため，とくに渇水する時期には湿原の維持において重要である。特定の湧出口から流出するもののほか，湿原の土壌の下を伏流しながらところどころで湧出するものもある（**図 51**）。湿原内での湧水の動きはたいへん複雑で，1 つの水流が何度も伏流，湧出を繰り返して流れていく場合や伏流中に分岐する場合もあり，湿原内に数多くの湧出口が認められるため，これらの水流のネットワークを把握するのはかなり困難である。

図 51　タデ原湿原の中に湧き出す湧水
タデ原湿原や坊ガツル湿原の中には，湧出口が随所に認められる。これは火山性の湧水が土壌の下を伏流し，湿原内で湧出したものである。湧水の水質は多様であるが，火山特有のイオウを高濃度で含む場合が多い。

表4　タデ原湿原を涵養する湧水および河川の水質

指山湧水A，Bは2006年5月から2007年1月までの間，湯沢湧水，南部流入水，白水川は2006年5月から8月までの間，坊ガツル湿原は2006年7月から2007年1月までの間，各月1回の測定値の平均と標準偏差を示す。指山湧水AとBは，近接する別々の湧出口から湧出して2つの渓流となり湿原の中心部を流れる。南部流入水は湿原の集水域となっている山地から流入する渓流である。白水川は直接湿原に流入する河川ではないが，比較として掲載した。アンモニウムイオン，亜硝酸イオン，リン酸イオンはいずれも検出限界以下であった。

	指山湧水A	指山湧水B	湯沢湧水	南部流入水	白水川	坊ガツル湿原
pH	4.45 ± 0.20	6.08 ± 0.26	5.58 ± 0.07	5.92 ± 0.34	3.99 ± 0.17	5.03 ± 0.10
電気伝導度（mS/m）	43.55 ± 9.87	58.45 ± 18.30	40.57 ± 2.47	12.58 ± 4.80	37.3 ± 2.25	19.76 ± 0.81
酸化還元電位（mV）	387.9 ± 42.5	307.6 ± 37.9	229.6 ± 63.9	225.1 ± 91.7	386.5 ± 20.1	−30.3 ± 92.8
TN（mg/L）	0.4 ± 0.1	0.4 ± 0.1	0.7 ± 0.3	0.5 ± 0.2	0.7 ± 0.5	1.0 ± 0.7
TP（mg/L）	0.1 ± 0.1	0.1 ± 0.1	0.1 ± 0.1	0.1 ± 0.1	0.1 ± 0.1	0.1 ± 0.1
TOC（mg/L）	1.6 ± 0.9	1.3 ± 1.2	5.7 ± 1.8	2.6 ± 1.3	2.4 ± 1.3	2.0 ± 0.7
Na^+（mg/L）	66.2 ± 29.7	56.2 ± 30.7	120.4 ± 12.4	44.7 ± 22.4	94.6 ± 16.2	7.8 ± 0.8
K^+（mg/L）	4.9 ± 2.1	5.6 ± 3.1	13.7 ± 1.7	4.8 ± 4.4	14.0 ± 3.1	2.0 ± 0.2
Mg^{2+}（mg/L）	100.7 ± 50.0	97.9 ± 52.7	131.1 ± 2.8	115.9 ± 28.7	128.5 ± 1.9	5.5 ± 0.9
Ca^{2+}（mg/L）	37.9 ± 15.1	19.9 ± 9.4	52.7 ± 4.7	23.6 ± 10.8	44.1 ± 1.9	15.8 ± 1.1
SO_4^{2-}（mg/L）	657.0 ± 218.5	224.9 ± 85.6	354.4 ± 75.2	203.7 ± 93.3	576.7 ± 182.0	76.6 ± 7.9
Cl^-（mg/L）	106.1 ± 29.7	90.7 ± 38.1	207.0 ± 48.9	56.1 ± 37.2	89.1 ± 89.4	4.4 ± 2.4
NO_3^-（mg/L）	8.5 ± 4.4	4.7 ± 3.2	7.4 ± 2.7	10.5 ± 21.9	64.8 ± 103.4	0.1 ± 0.3
Fe^{2+}（mg/L）	0.05 ± 0.05	0.16 ± 0.36	0.19 ± 0.17	0.30 ± 0.29	0.64 ± 0.13	0.40 ± 0.30

湧水の水質は，温泉の源泉と同様に，ごく近接した場所から湧出していても成分がまったく異なる場合がある。タデ原湿原を涵養している湧水は複数存在するが，そのうち湿原の中を流れる渓流の水源となっている湧水や渓流水などの水質を**表 4** に示す。このうち指山（ゆびやま）湧水とよばれる湧水の 2 ヵ所の湧出口は 20 m 程度しか離れておらず，共通して硫酸イオン濃度が高いなど火山性の特徴を有している。しかし，片方の湧出口からの湧水（指山湧水 A とする）は pH が 4.5 程度で，もう一方の湧出口からの湧水（指山湧水 B とする）の 6.1 より低く，酸性度が高い。また指山湧水 A では硫酸イオン濃度が著しく高く，指山湧水 B より火山性の特徴が顕著にみられる。タデ原湿原に流入するほかの湧水や渓流水の水質をみると，湿原北部で流入する湯沢湧水の pH や硫酸イオン濃度がちょうど指山湧水 A と B の中間的な水質である。さらに，湿原南部から流入する渓流水は，指山湧水 B と類似した水質である。湿原には直接流入していないが，火山地域を集水域として湿原近傍を流れる白水川の pH は 4.0 前後で酸性度が高く，酸性の湧水が水源となっていることがわかる。このように，湿原に流入する湧水や渓流水の水質はそれぞれ異なるが，これらには共通してカリウム，マグネシウム，カルシウム，硝酸などの栄養塩となる各イオンの濃度が日本のほかの湿原と比較して高いという特徴がある。ただし，これは火山性の湧水に共通した特徴というのではなく，近傍にある坊ガツル湿原を涵養する湧水ではこれらの成分の濃度は低く，とくに栄養塩として重要な硝酸イオンは 1 mg/L 以下である。

湧水の湿原への影響を把握するために，指山湧水を水源とする渓流について調査を行った。2 ヵ所の湧出口から湧出した水は別々の渓流として湿原を流れる。指山湧水 A は湿原の西部を，指山湧水 B は湿原の東部にある山地との境界付近を流れ，やがて湯沢湧水や，湿原南部から湿原内に流入する渓流と合流して白水川に流れ込む。水質が異なる渓流水が合流する際，化学反応が起こって沈殿を生成する場合がある。たとえばカルシウムイオンを高濃度で含む水が硫酸イオンを含む水と合流すると，白色の硫酸カルシウム（石膏）となり，川底の石に沈殿していることがある。このような化学的プロセスを含め，渓流水や河川水は水質を変えながら流れていく。

4. 流域内の水の相互連環

近年，流域を単位として，流域内の湿原や湿地の相互連環を解析することの重要性が認識されるようになった。タデ原湿原，坊ガツル湿原は筑後川の源流部に位置し，筑後川の支流の玖珠(くす)川の源流となっている。玖珠川流域の中流には水田が，また下流部には淡水性，汽水性，塩性の沼沢地が広がり，これらの湿地が河川によって結びつけられている。筆者らはこのような湿地間の相互連環を考える目的で，河川源流から河口までほぼ1km 間隔で水質を調査し，この結果から湿原を含む流域の土地利用と河川水質の関係，および河川による物質輸送の過程を解析する研究を手がけた。たとえば，火山起源のイオウ化合物の濃度は火山を集水域に含む源流部で高く，下流に向かうにつれて沈殿の生成や希釈により濃度が低下するが，流域に旧炭坑が存在する別の河川では旧産炭地域で硫酸イオン濃度が高くなるということがあきらかになった(202 ページ参照)。河口域では海水の浸入によって硫酸イオン濃度が高まる。また，中流部に農地などがあれば河川へのリンの負荷源となるが，リンは河川の植物プランクトンにより消費されるため，可溶性のものは特定の負荷源付近以外では検出されないのが普通である。しかしながら，リンが鉄やアルミニウムなどの金属と結合して不溶性の塩を形成すると，植物などが利用できないためそのまま輸送され，河口域の沼沢地で粘土やシルトとともに堆積物上に沈殿する。ヨシなどの抽水植物が生育する marsh において，枯死した植物が分解され，土壌が還元的になると硫酸還元菌などがこれらの不溶性のリンを溶解するため，ふたたび植物が利用できるようになる(180 ページ参照)。植物が枯死して有機物が土壌中に供給されることで還元的となった土壌環境のなかで可溶化すると，リンは湿生植物や植物プランクトンの一次生産に利用される。このように，河川流域には山地性の湿原，人工湿地である水田，河口の塩湿地，汽水性の湿地などさまざまな形態の湿地があり，これらが河川による水の流れで相互に連環しているのである。

5. タデ原湿原の植生

先に述べたように，タデ原湿原を涵養する渓流水の水質は，湧出口が違うと大きく異なる。湿原の水位の維持機構は同じであるが，水質が違うために湿原植生に与える化学的効果がまったく異なる場合がある。指山湧水を起源とし，タデ原湿原で異なる湧出口から流出した２つの渓流（指山湧水 A，B）は，ミズゴケ群落が広がる，タデ原湿原のなかでもっとも bog に近い植生がみられる地域の両端を，2006 年の調査開始時点ではちょうどこれをはさむような形で流れていた（図 52）。そのため，これらの渓流の近傍では水位は似ているが水質は異なり，それにともなう植生の違いが顕著にみられた。筆者らは，ミズゴケ群落がもっともよく発達している部分を横断する長さ 160 m の調査測線を設定し，土壌水の化学的特性と植生との関連について調査を行った（図 52，53）。

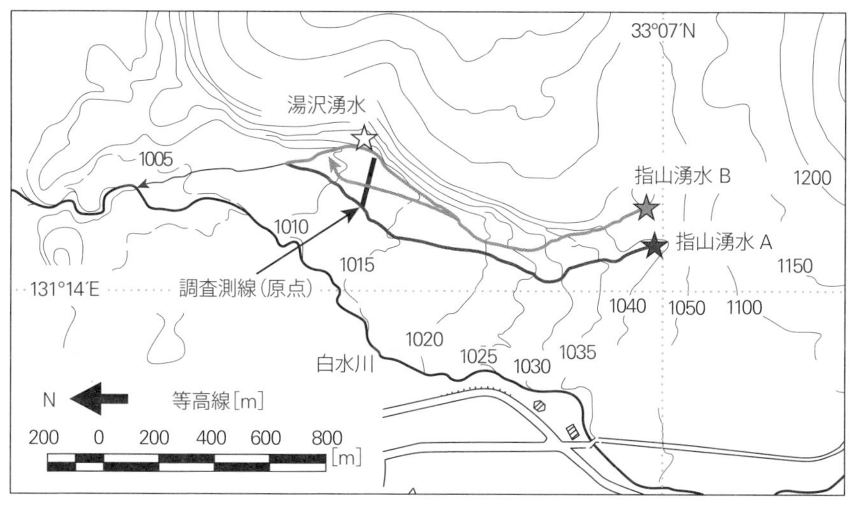

図 52　タデ原湿原を流れる渓流と調査測線
タデ原湿原周辺には多くの湧水がみられるが，このなかで湿原に直接流入するものに指山湧水がある。この指山湧水には近接した２つの湧出口があり，ここから出た流れは２つの渓流として湿原内を流れる。これら２つの渓流にはさまれる場所に，ミズゴケが優占する貧栄養な湿原が発達する。このミズゴケ群落の中央を横断する調査測線を設置し，植生および水質調査を行った。２つの渓流水の水質はまったく異なり，これらの渓流にはさまれる湿原植生は影響を受けるほうの渓流水の水質によって大きく異なる。2006 年 7 月に発生した土石流の影響で，指山湧水 B の流路の一部が湿原の中央部分に直接流入するようになった（指山湧水 B の線から分岐した矢印のついた線は，土石流の発生後，新たに形成された流路を示す）。星印は湧出口を示す。

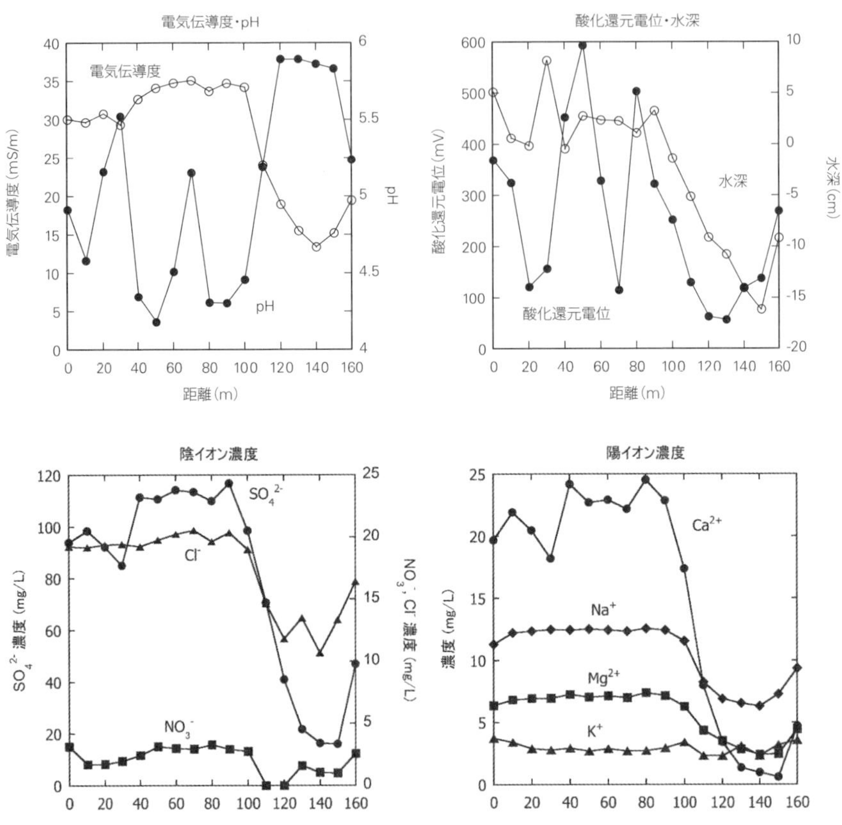

図53　タデ原湿原調査測線上の水質・水深
タデ原湿原の中心部を横断する160mの調査測線上に，10m間隔で設置した塩ビ管（水位計測および採水用）内の泥炭水の水質と水深を示す。採水は，2006年5月から2006年12月までの間，各月1回行い，この測定値の平均を示した。

調査測線の原点付近（湿原の西端）は指山湧水Aを水源とする酸性度の高い渓流水が流れており，調査測線の末端（湿原の東端）は指山湧水Bを水源とする酸性度の低い渓流水が流れていた。また，原点から100m付近には泥炭層の中を流れる伏流水が湧出する小さな湧出口が多数認められ，ここの水質も指山湧水Aに類似して酸性度が高くなっていた。おおまかにみて，0～100m区間で

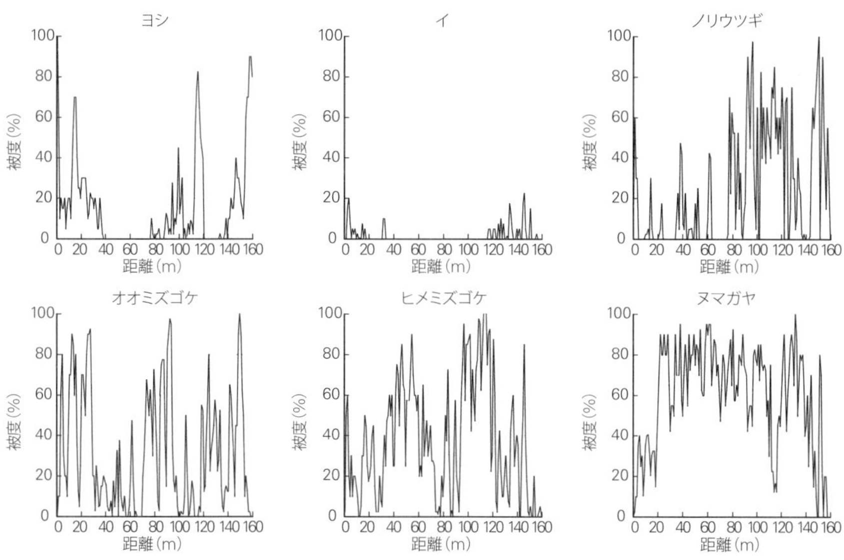

図54　タデ原湿原の調査ライン上の植生
タデ原湿原の中心部を横断する160 mの調査ライン上に，連続して設置した1×1 mの方形区にみられた6種（ヨシ，イ，ノリウツギ，オオミズゴケ，ヒメミズゴケ，ヌマガヤ）の被度を示す。

は指山湧水Aの影響でpHが低く，電気伝導度が高く，陰イオンと陽イオンの濃度が高く，100 ～ 160 m区間では逆に指山湧水Bの影響が強く現れ，pHが高く，電気伝導度が低く，イオンの濃度が低い。両区間の境界となる100 m付近で水質が大きく変化している。指山湧水Bからの渓流は調査期間中に発生した土石流の影響で，湿原の中央部，30 m付近に新しい流れを生じたが，その後この流れは消滅した。**図53**に示した水質の測定結果にはこの土石流でできた新しい流れの影響が現れており，30 m付近で局所的にpHが高い値を示した。また，同様に電気伝導度やイオン濃度も30 m付近で局所的に低い値を示した。このように，調査測線上では流入する水の水質に応じた化学的環境の変化が顕著に現れた。

調査測線上ではまた，水質に応じてそれぞれ異なった植生が観察された。ヨシは 0 m, 115 m, 160 m 付近で優占しているが，これらの地点は渓流の氾濫と泥炭内の伏流水という物理的な影響を受ける場所である（**図 54**）。ヨシは塩分や二酸化イオウに耐性が高いといわれているが，タデ原湿原では化学的な要因より物理的な水位の影響を強く受けて分布していると考えられる。

ヌマガヤは調査測線上ほぼすべてでみられるが，その両端の渓流付近で被度が低くなっている。また，110 ～ 120 m 付近でも被度が低い場所があるが，ここは湿原内の湧水の影響を受け水位が高くなっていることから，ヨシとヌマガヤの分布は水位の違いで決まっていると考えられる。ヌマガヤは栄養性としては中間的な環境で優占する種である。ヌマガヤが優占していれば，氾濫する水の影響が少ない場所であるといえよう。

指山湧水 B に起源を有する湿原東端の渓流沿いには，ノリウツギが優占する渓畔林が発達し，ここは生育する植物も多様である。ノリウツギは 100 ～ 130 m, 150 ～ 160 m 区間で優占度が高い。この区間はイオン濃度，電気伝導度，水位が低く，pH が高く，指山湧水 B の影響をよく表している。ノリウツギはイオン濃度，とくに硫酸イオンやカルシウムイオン濃度が高く酸性度が高い環境では生育が制限されるが特殊性の少ない水質を好むので，ここにはアメリカセンダングサなどの外来植物も侵入している。先に述べた土石流の影響で渓流水の水量が調査期間中に減少し，乾燥化が進んだ結果，ノリウツギが増加したほかこの付近にはイヌタデやミゾソバ，ヒメシロネなどの種が侵入した。

湿原の中央部にはミズゴケ群落が形成されており，もっとも貧栄養な bog に近い植生がみられる。この場所の特徴としてヌマガヤ群落の中にミズゴケ群落が成立している点があげられるが，これはめまぐるしく変化する火山性の湿原という環境ゆえに fen と bog の植生が混在し，両者の優占度が相互に増加・減少を繰り返していることを示していると考えられる。

2 種のミズゴケ，オオミズゴケとヒメミズゴケに注目すると，オオミズゴケは 10 ～ 30 m, 70 ～ 100 m, 120 ～ 150 m 付近で優占するのに対し，ヒメミズゴケは 40 ～ 60 m と 100 ～ 120 m 付近で，分布する範囲が分かれている。現段階では分布の差をうまく説明する環境要因は見出されていない。ヒメミズゴケは東部ドイツの褐炭採掘跡地（199 ページも参照）に形成された硫酸により酸性化した湖沼の湖岸にも生育することを筆者らは確認しており，タデ原湿原内でも湧水による影響がみられる場所で高い被度を示していることから，硫酸イオンを含む火山性の湧水の影響を強く受ける場所で相対的に優占するものと考えられる。

このように，タデ原湿原内での植物の分布はおおよそ物理的または化学的な水環境に対応しているが，その関係は明瞭なものではない。火山活動の影響を常時受ける湿原は土壌や水質がきわめて変動しやすく，それに対して種の変化は速やかに起こるであろうが，優占度の変化や新たな種の移入には時間がかかるため，限定された時間断面で環境と植生との間の明瞭な対応関係をみつけるのは困難である。

6. めまぐるしく変化する湿原植生

火山性の湿原であるタデ原湿原では，涵養水となる湧水や渓流水が複数あり，それぞれ水質が大きく異なるため，場所によって泥炭水の水質にも著しい差異がみられ，これに応じて湿原植生の種組成も大きく異なっている。このような意味で，タデ原湿原の生物の多様度は高いといえよう。すなわち１つの湿原内で場所によって土壌，水質や湿原植生の構造が大きく異なる点は火山性の湿原の特徴であるといってよいが，さらに先にも述べたように火山性物質の影響を恒常的に受け，植生が頻繁に撹乱されることももうひとつの特徴である。撹乱された植生は一時的に過去の状態に戻る，つまり退行的な方向に遷移することが多いが，その後長期間にわたり大きな撹乱が発生しなければ，再び進行的な遷移が進んで撹乱前の植生に戻る。タデ原湿原や坊ガツル湿原のような火山性の湿原では，撹乱による退行的な遷移とこれに続く進行的な遷移が頻繁に繰り返される。このような火山活動と関連した植生の撹乱は，ちょうど落雷や暴風により森林が撹乱を受けて形成される空所（ギャップ，26 ページも参照）と同様に考えてよいであろう。撹乱によるギャップ形成と，退行的・進行的な遷移という一連のプロセスがモザイク状に組み合わさって植生が形成され，維持されている。

火山性の湧水，およびここから発生する渓流の特徴として，水質は安定しているものの，流路の変化が著しいという点があげられる。これは，流動しやすい火山灰やスコリアなどの火山性物質が降雨により輸送され，場合によっては土石流となって，河川の流路を閉塞したり変更させることに起因する。先にも述べたが，筆者らの調査の間にも土石流が発生し，それまで湿原の東端を流れていた渓流の流入口付近が閉塞され，流路が大きく変更した。その結果，ミズゴケ群落内に新たな水路が形成され（**図52**），湿原の水環境が大きく変化した。

このような環境の変化に対する植生の応答をあきらかにする目的で，湿原に出現する植物の変化を追跡した。1年生植物からなる植生では1年間で種組成や個体群密度が大きく変化する場合があるが，森林や湿原で優占する種は大きな攪乱作用がないかぎり，1年間で大きく変化することはまれである。調査を

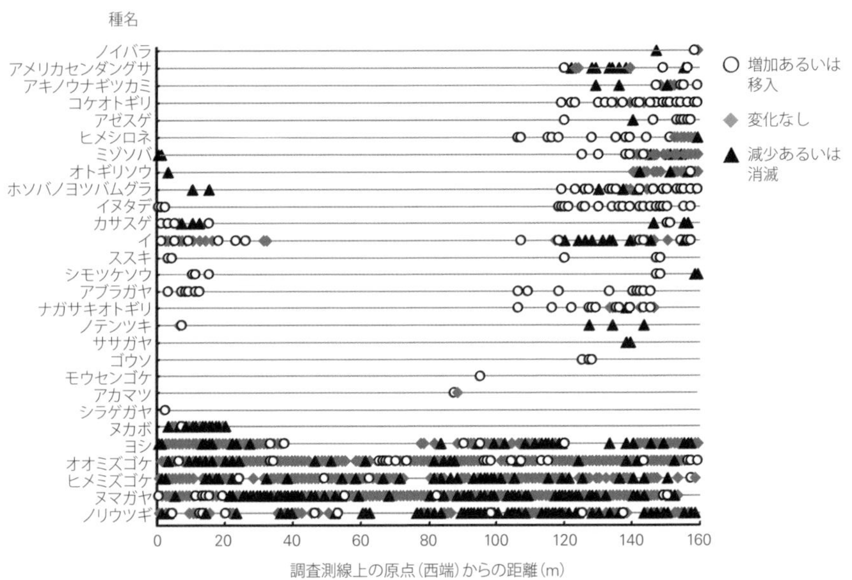

図55　タデ原湿原の中央部を横断する調査測線上にみられた植物の被度の増減
タデ原湿原の中心部を横断する160 mの調査測線上に連続して配置した1 m^2の方形区内でみられた種の被度を2007年7月および2008年7月に測定した。この2回の調査結果より1年間の植生の変化を評価し，方形区内に新たに分布が確認された種もしくは被度が20％以上増加した種（◯），消滅した種もしくは被度が20％以上減少した種（▲），被度の変化が20％未満であった種（◆）に分類して示した。無印は出現しないことを示す。この調査測線の周辺は，野焼きの対象となっていない。

行ったタデ原湿原でも優占種が変化するということはなかったが，1 m^2 の方形区内ではそれぞれの植物が著しく入れ替わっていることがわかる（**図 55**）。撹乱を受けやすく，種の被度の変化や移入・消滅がかなり激しいことが火山性の湿原の特徴であるといえよう。このような変化は調査地点ごとに異なっており，近接する方形区を比較してもまったく異なっている場合が多い。したがって，環境の変化に対する植生の応答を議論する場合には，きわめて細かいスケールで両者の変化を個別に調べる必要がある。ここでは調査測線上で特徴的な地点を抽出して，定性的にこれらの関連について考察する。抽出した地点は，湿原西端（原点，0 m 地点）と東端（160 m 地点）の渓流沿い，土石流の発生以降新たに形成された流路がある 30 m 地点，泥炭層中から湧水が湧出する 100 m 地点，およびミズゴケ群落の中央にあたる 60 m 地点である。

まず，渓流沿いの西端と東端であるが，両地点とも相対標高が低く，また堆積物の灼熱損量，つまり有機物が少ないことから（**図 56**），鉱物が主体の土壌で河川堆積物の影響を強く受けている地点であるといえよう。これらの地点ではヨシやミズゴケが優占する点は共通しているが，調査期間中に西端ではカサスゲ，ススキ，アブラガヤ，シラゲガヤの増加とミゾソバ，オトギリソウ，ヨシの減少，東端ではノイバラ，アメリカセンダングサ，アキノウナギツカミ，アゼスゲ，コケオトギリ，ホソバノヨツバムグラの増加とヒメシロネ，シモツケソウ，ノリウツギの減少がみられた。イヌタデとイは両端に共通して増加が認められた。これら 2 地点を流れる渓流は水質が大きく異なるため，このような種組成の変化の多くは水質そのものの違いに対応しているとも考えられるが，一時的な変化を除外すると，東端の泥炭水の水質（**図 57** の P160）はもともと pH が高く，電気伝導度が低く，硫酸イオンなどの火山性の溶存物質濃度が低いという特徴をもっていたものが，1 年後にいっそうその傾向を強めていたことがわかる（**図 57**）。一方，西端（**図 57** の P000）では pH が低く，電気伝導度が高く，溶存物質濃度が高く，一時的な変化を除くとこの性質は保持されていた。この一時的な変化は降水による影響が大きいと思われるが，東端でみられた長期的な変化は渓流水そのものの水質形成にかかわる水の混合比が変化したためであろう。これら 2 地点でもっとも顕著な点は，水深の変化である。調査期間

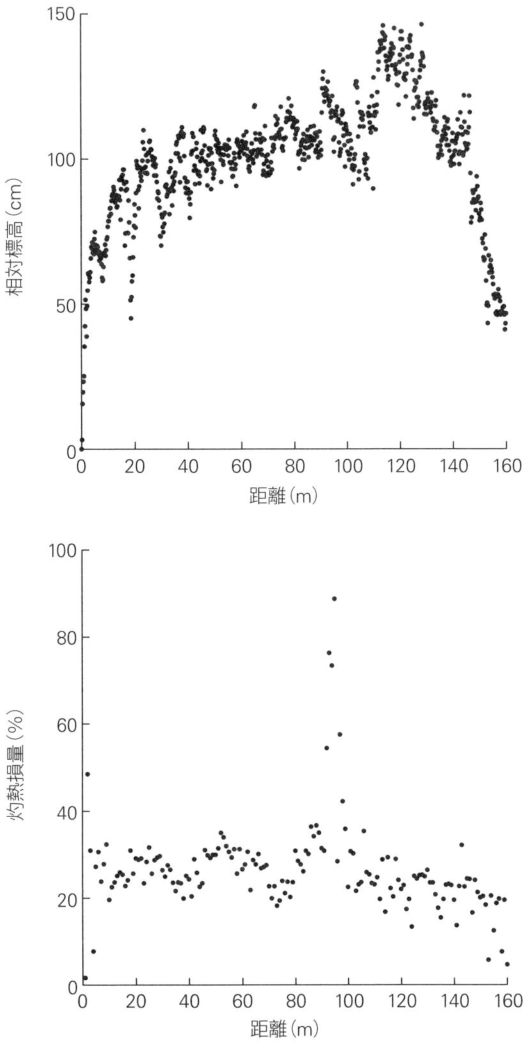

図56　タデ原湿原の中央部を横断する調査測線上での相対標高と表層土壌の灼熱損量
タデ原湿原の中央部を横断する160 mの調査測線上の，西端の渓流沿い（測線の原点）を基準とした相対標高（上図），および土壌表層の灼熱損量（下図）。灼熱損量は，絶乾土壌を750℃に加熱した際の重量減少（%）から求め，有機物量の指標として用いた。

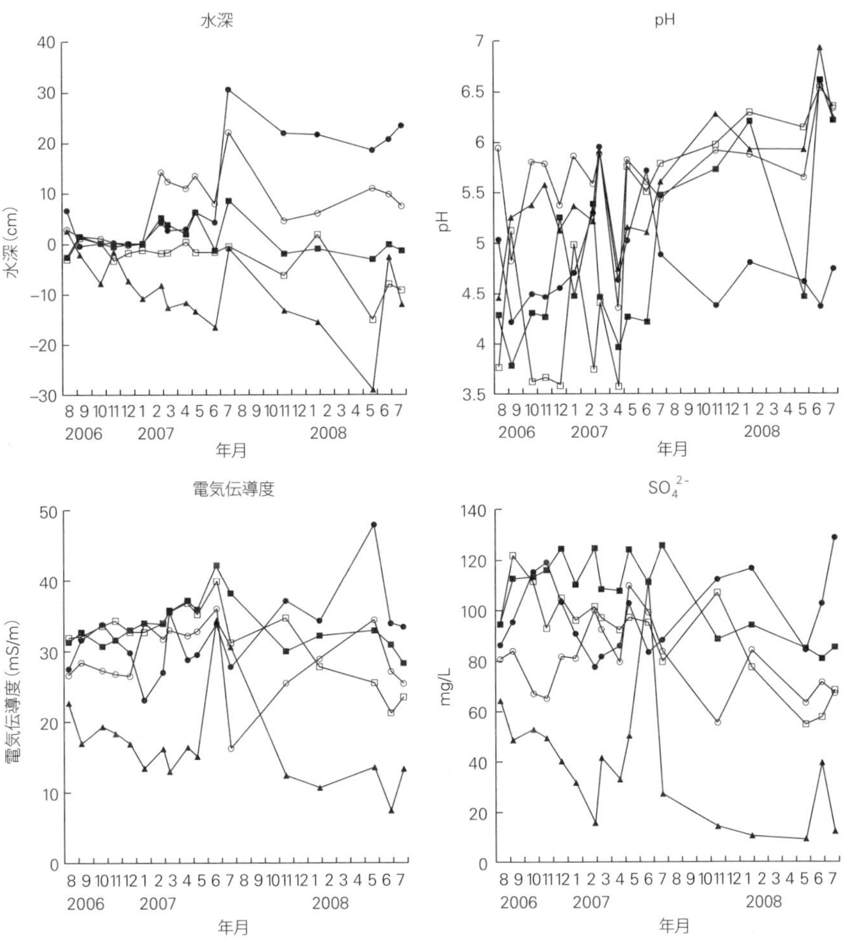

図57 タデ原湿原の中央部を横断する調査測線上での地下水深とpH, 電気伝導度, 硫酸イオン濃度 (SO_4^{2-}) の変動

タデ原湿原の中央部を横断する160 mの調査測線上に10 m間隔で設置した塩ビ管内の水深と試料水のpH, 電気伝導度, 硫酸イオン濃度について, 2006年8月から2008年7月までの計測値を示す。図に示した測定地点は, 調査測線西端の渓流沿い (P000：●), 30 m地点の新たに形成された水路 (P030：○), 60 m地点のミズゴケ群落の中央部 (P060：■), 100 m地点の泥炭層中から湧出水がみられる部分 (P100：□), および東端の渓流沿い (P160：▲) である。

内に，西端の相対水位は 20 cm 程度高くなり，逆に東端では 20 ～ 30 cm 程度低下した。水深の変化は渓流水の水量と堆積物の増減によるものなので，0 m 地点はより湿潤に，160 m 地点は土砂が堆積してより乾燥した土壌へと変化したといえる。湿原東端の 160 m 地点近傍での種数の増加はこの乾燥化と対応しており，灼熱損量が部分的に低い値を示すことからも判断できる。この付近で優占していたヨシは被度が減少し，代わってオオミズゴケが増加した。また，土砂の堆積によって乾燥化が進むと低木のノリウツギは一般に増加すると考えられるが，調査を行った１年の間ではその被度は減少した。これは，調査した年に 20 ～ 30 cm もの土砂の堆積とこれにともなう急速な水深の変化があったためで，今後，現在の環境が安定して維持されれば再びノリウツギは増加すると考えられる。逆に，0 m 地点付近では土砂の堆積によって灼熱損量が低くなった地点もあるが，相対水位の上昇で有機物の堆積が促進された結果，灼熱損量が高い値を示した地点のほうが多い。ヨシの減少，カサスゲの増加は，急速な相対水位の上昇による結果と思われる。このような植生の変化は，短期間の結果だけで長期間の変化を予測できるものではないので，さまざまな時間スケールで評価する必要がある。

30 m 付近（**図 57** の P030）は，土石流による流路変更の影響で，半年ほどたってから新規の水路が出現して水位が急に上昇し，そのまま高い水位が維持されている。ただし，水質の変化は水位の上昇と連動せず，それぞれの項目について個別に大きな変化を示した。これは，新しい流路が必ずしももとの渓流の分岐のみによるものではなく，複数の形成要素をもち，これらの混合比が調査日ごとに変化したことを示している。30 m 付近では植生の変化は小さく，水質に対する植生の応答は１年ではそれほど明確ではないが，ヨシやオオミズゴケが増加した方形区があることから，より湿原を特徴づける植生に変化しつつあることがわかる。

この湿原内でもっとも bog らしい発達したミズゴケ群落がみられる 60 m 付近（**図 57** の P060）と，泥炭層からの湧出がみられる 100 m 付近（**図 57** の P100）では，水位は安定している。水質も一時的な変化を除くとおおよそ安定しているが，2007 年 7 月以降，pH の上昇，電気伝導度の低下，硫酸イオン濃度の低下の傾向があり，東端の渓流水の影響が示唆される。60 m 付近では，ノリウツギの減少とミズゴケの増加が顕著で，bog が発達していることを示している。100 m 付近ではノリウツギの減少に加えてヌマガヤの減少が目立ち，オオミズゴケの増加が認められ，bog が発達しつつあることを示している。bog の発達には水位や水質が安定していることが条件であるといえよう。90 ～ 95 m 付近にもオオミズゴケの増加が顕著な場所があり，灼熱損量も著しく高い。局所的ではあるが，泥炭化が進み，有機物の堆積がきわめて高い場所であるといえよう。

7. 優占種の変化

タデ原湿原の泥炭層を構成する植物遺体の解析から，湿原植生の優占種が短期間で変化することがわかった。植物遺体の解析の詳細については次節で述べるが，ここでは，10 年程度の期間でどの程度優占種の変化が見られるのかについての調査結果を示す[47]。前節で述べた通り，1 年間でも種の入れ替わりが多く見られ，優占種の被度にも変化が認められた。これと同じ調査ライン上の植物の被度を，途中欠測の年度もあるが，2006 年から 2016 年までの 10 年間にわたって調査を行った。**図 58** には，優占度の高い種の被度の 10 年間の変化を示した。

ミズゴケ類二種（オオミズゴケ，ヒメミズゴケ）は，生育する場所が分かれているが，二種を合わせると，調査開始の 2006 年には調査ラインのほぼ全域にわたって高い被度で分布していた。ミズゴケ類の他，ヌマガヤの被度が高く，ミズゴケ類とヌマガヤが同時に高い被度で生育する場所（例えば 100m 地点）も見られた。ミズゴケ類はヌマガヤ，ヨシ，ノリウツギなど群落高が高い種の生育する地表面に生育するので，地上，地表，それぞれの層で優占種が異なる場合があり，ここでは各種の被度をそれぞれ別に求めて解析を行った。その結果，ミズゴケ類は，2006 年から 2009 年にかけて被度が下がり，その後 2011 年から 2012 年にかけて増加して調査期間中最大の被度を示した。ヌマガヤは，2006 年から 2011 年にかけて減少し，2011 年には調査期間中最低の被度を示した。ヨシ，ノリウツギは 2006 年には生育地が限られていたが，2006 年から 2010 年にかけて被度が低下し，多くの地点でその後被度がほとんど 0％となった。2011 年以降は，オオミズゴケは，10m 地点付近では増加しているものの，そのほかの地点では減少傾向で，ヒメミズゴケは全域で減少した。これに対し，ヌマガヤは全域で増加し，さらに2011年頃からいくつかの地点でイの被度が急速に増加した。以上の各種の被度の変化から，水位計測点ごとに異

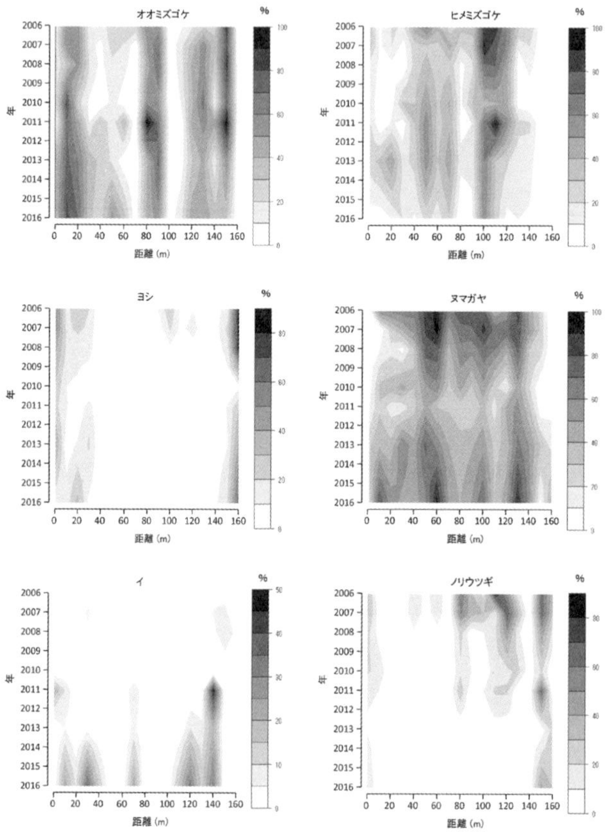

図58　タデ原湿原の調査ライン上の2006年から2016年までの主要構成種の被度の変化
タデ原湿原の中心部を横断する160 mの調査ライン上に，連続して設置した160の１×１mの方形区にみられた６種（オオミズゴケ，ヒメミズゴケ，ヨシ，ヌマガヤ，イ，ノリウツギ）の被度の10年間の変化を示す。17地点に設置した水位・水質計測用のパイプを中心に，前後の５方形区（両端にあるパイプについては片側の５方形区）のデータを平均して，パイプの位置の植生を代表するものとした。2009年，2012年，2014年，2015年は植生調査を行っていないが，この年については前後のデータから内挿して等高線グラフを作成した。

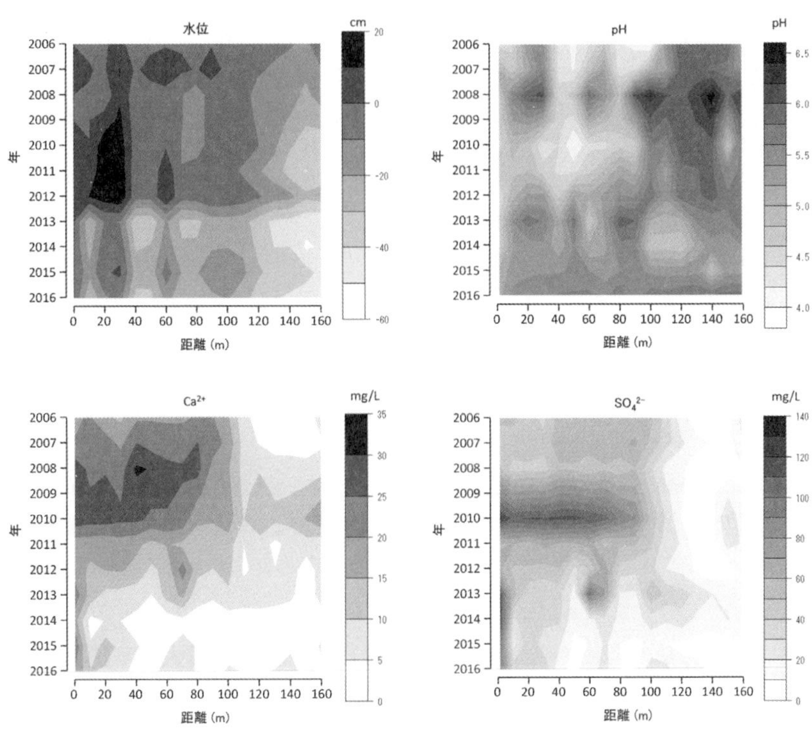

図59　タデ原湿原の調査ライン上の2006年から2016年までの水位・水質の変化
タデ原湿原の中心部を横断する160 mの調査ライン上の17地点に設置した水位・水質計測地点での計測値の年平均値の変化を示す。欠測の2009年については前後のデータから内挿して等高線グラフを作成した。

なる変化が認められるが，タデ原の調査ライン全体にわたっての傾向として，2006年当初のミズゴケとヌマガヤが優占する群落から，2011年前後のミズゴケが優占する群落，その後はヌマガヤが優占する群落というように変遷したことがわかる。

植生変化を観察した期間と同じ期間の水環境の変化（**図59**）を見ると，水位は2006年から2008年にかけて上昇，低下したのち，2009年頃から2012年にかけて上昇した。調査ライン上の 0 ～ 120m の区間は水位が高く，0 ～ 80m の区間では冠水している場所も多く見られた。水位が低下した 2008 年には高い pH 値を示す場所が認められ，この時期に泥炭の分解が進んだことがうかがえる。その後，水位が全体に上昇するが，カルシウムイオン濃度が，とくに 0 ～ 100m の区間で高くなり，この時期がミズゴケ類の被度が低下する時期に相当する。カルシウムイオンはミズゴケ類の生育を阻害することから[27]，カルシウムイオンの増加によってミズゴケ群落が衰退したと考えられる。水位は，2010 年から上昇して 2012 年に最も高くなるが，この時期には pH が低く，硫酸イオン濃度が高くなった。これらの変化を併せて考えると，この時期には硫酸を含む火山性の水の湿原への影響が強くなったと考えられる。これに対応して，カルシウムイオン濃度が低下するが，これは硫酸カルシウムの沈澱の生成によるものと考えられる。カルシウムイオンの低下に対応してミズゴケ類の被度が高くなっているが，これはカルシウムイオンのミズゴケに対する成長阻害の影響が低下した結果であろう。2012 年以降カルシウムイオン濃度は低く保たれていたが，水位が全体として低下したため，乾燥化が進んでミズゴケ類の被度が低下したと考えられる。その後，オオミズゴケは 10m 地点で増加を示すが，2011 年以降はヌマガヤの増加が顕著で，2016 年の段階では調査ラインの全域にわたってヌマガヤが優占する群落となった。

以上のように，タデ原調査ライン上では 10 年間で優占度の高い種の被度が大きく変化し，また水位や水質が大きく変化した。植生変化の全てを水位や水質の変化で説明することはできないが，ここに示した変化の中に，火山性湧水の流入量や水質の変化によると考えられる湿原環境の変化，すなわち，水位の上昇，酸性度の増加，硫酸イオンの増加，カルシウムイオン濃度の低下が見られる。これがミズゴケ類の増加の原因となったと考えられ，水環境の変化は，比較的早く植生の変化を引き起こすことがわかった。

火山性湧水の流入水量や水質の変化は，タデ原湿原の研究例では，地下水のカルシウムイオンに関して，土壌中に存在していたものが硫酸イオン濃度の高い湧水の流入によって除去された結果となったが，一般には火山性湧水には火山ガスが溶解して生成した硫酸が岩石を溶解して取り込んだカルシウムイオン

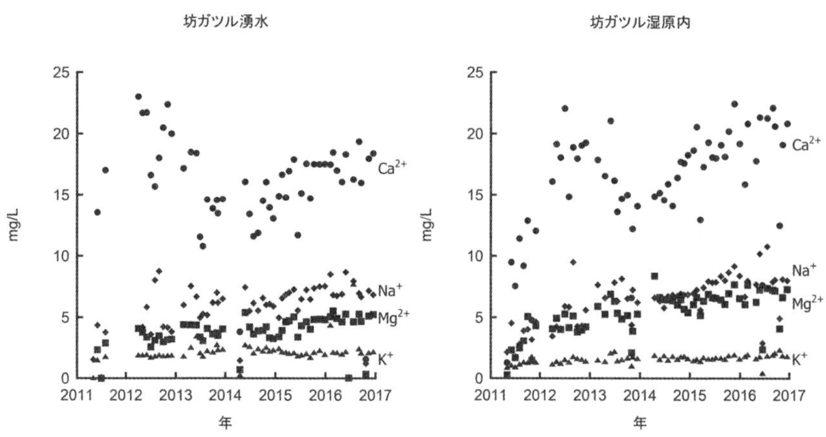

図60　坊ガツル湿原に流入する湧水と湿原内の地下水の陽イオン濃度の変化の比較
タデ原湿原の南東に位置する坊ガツル湿原において計測した，湧水とその湧水が流入する湿原内の地下水の2011年から2016年までの陽イオン濃度の変化を示す。湧水は流出口近傍で，地下水は採水用の塩化ビニルパイプ内の水を採取して分析した。

をはじめとする塩基性陽イオンが多く含まれ，火山活動が活発になるとこれらの成分が増加することが知られている[48)]。同じ九重地域にある坊ガツル湿原でも同様な調査を行ったが，その結果から湧水とこの湧水が流入する湿原内の地下水の水質の経時変化を示す（**図60**）。塩基性陽イオン4種について，湧水と湿原内の地下水の各成分の濃度変化が類似していることから，湧水が明らかに湿原の地下水の主要な供給源となっていることがわかる。また，カルシウムイオン濃度の変化に明瞭に示されているように，この計測期間では，増加，減少，増加の変動が認められる。これは，火山活動の程度と関連すると考えられるが，湿原の水環境が大きく変動することの一例として示した。火山の影響を受ける湿原は，以上のようにめまぐるしく変動する水環境の中で植生が変動しつつ維持されている湿原であると言えよう。

8. 過去の植生の変遷と火山活動

タデ原湿原における過去の植生を確認するために，湿原中央部のミズゴケ群落が発達している部分で420 cmの長さの泥炭柱状試料を採取し，泥炭を構成する植物遺体の変遷をみた（図61）。泥炭は無機物の少ない泥炭層と火山堆積物や火山ガラスなど無機物に富む無機質層からなるため，有機物量と無機物

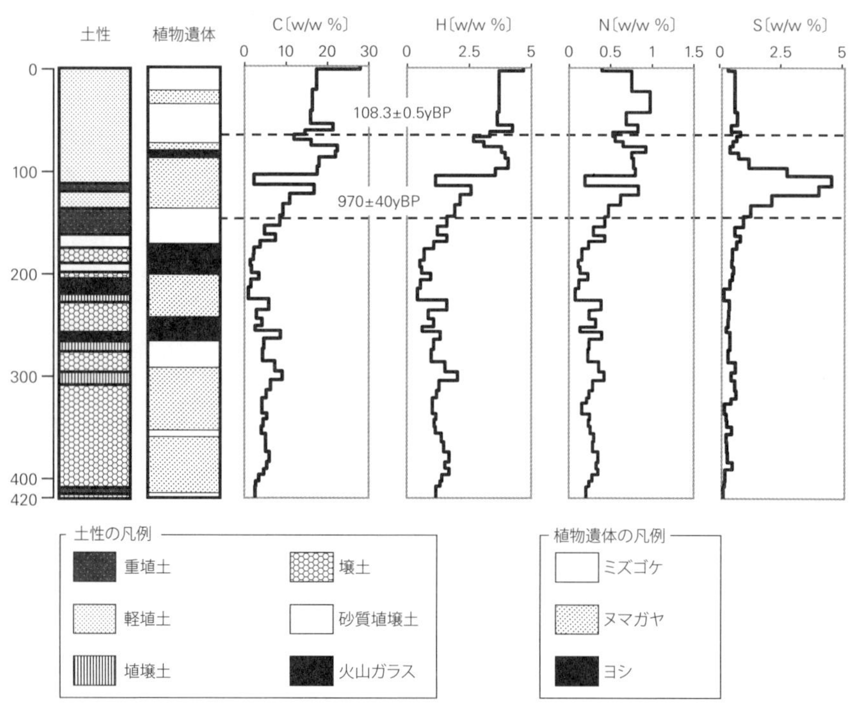

図61　タデ原湿原中央部のミズゴケ群落内で採取した泥炭柱状試料の土性とそれに含まれる植物遺体と元素分析値
ミズゴケ群落内で採取した長さ420 cmの泥炭柱状試料について，土性に基づき層区分を行い，各層の植物遺体を目視および走査型電子顕微鏡観察によって同定した。さらに，絶乾試料の炭素，水素，窒素，イオウ含有量を元素分析計により定量した。深さ74 cmおよび158 cmでの^{14}C年代測定結果は，それぞれ108.3 ± 0.5 yBP，970 ± 40 yBPであった。

量は柱状試料の上下方向で大きく変動した。図中の「土性」とは土壌を構成する砂，シルト，粘土の鉱物質の含有割合であるが，ここでは有機物を含めて判定したため，正しい土性の評価とは少し異なる。タデ原湿原の堆積物は，深さ170 cm より深い部分では壌土，砂質埴壌土（しょくじょうど），埴壌土などシルトや砂の含有率が高い土性を示す層からなり，これに火山ガラスなど火山噴出物由来の鉱物を多く含む火山灰層がはさまれている。砂層（砂質埴壌土）は，深さ 180 cm 付近と 200 cm 付近に認められ，これは土石流に起因する堆積物と考えられる。また，火山灰層は深さ 210 cm 付近と 270 cm 付近に認められ，この時期に火山灰の降灰が顕著であったことがわかる。深さ 170 cm より浅い部分は粘土含有率の高い層で軽埴土や重埴土といった湖底堆積物に近い特徴が認められ，この場所が池沼に近い環境であったことがわかる。河川の氾濫原に成立した湿原では頻繁にその氾濫の影響を受けるため，泥炭層の中に粘土やシルトなどの無機質層が多数認められることが多いが，タデ原湿原の無機質層は土性や有機物量がさまざまに異なっている。このような無機物の堆積は湿原全域で均質なものではなく，地点間の差異が著しい。さらに降下物として堆積した物質は運搬され，別の場所で再堆積することがあるため，必ずしも柱状試料で得られたものがその当時の状態を保っているとは限らない。とくに山地性の湿原では，渓流や表面流去水による浸食や運搬作用を受けやすく，時間的にも空間的にも変化が大きい。そのため，今回の柱状試料に含まれる植物の組成と堆積物の化学的特徴から解析した植生の変遷は湿原全域について語ることのできるものではないが，1 つの事例として紹介する[49]。

この解析に用いた柱状試料を得た場所の半径 1 m 以内でさらに 2 本の柱状試料を採取したところ，これらの分析結果に大きな違いは認められなかった。堆積物中の有機物を用いた ^{14}C 年代測定の結果，深さ 74 cm で 108.3 ± 0.5 yBP（現代），158 cm で 970 ± 40 yBP との結果が得られている。これらのデータからこの間の泥炭の堆積速度を求めるとおよそ 1 年で 1 mm となり，冷温帯から亜寒帯の泥炭地にほぼ等しい。ただし，これは深さ 74 cm から 158 cm の部分に限った堆積速度で，この上下の層では不明である。

柱状試料の中の泥炭を構成する植物遺体は，目視および走査型電子顕微鏡を用いて判別したが，現在の優占種と同じヨシ，ヌマガヤ，ミズゴケ（種の区別をしていない）の3分類群が確認された。これらの植物遺体から優占していた分類群を特定し，層として区分した。その結果，ミズゴケが優占する貧栄養な植生と，ヨシが優占する富栄養な植生，およびこれらの中間に位置するヌマガヤが優占する中間的な栄養性の植生がめまぐるしく入れ替わっていることがわかった（**図61**）。すなわち，大きな攪乱をほとんど受けていない湿原ならば泥炭層の発達にともなって富栄養なヨシ群落からヌマガヤ群落，貧栄養なミズゴケ群落へと遷移が進む過程が泥炭柱状試料の中で時系列的変化として確認できるが，タデ原湿原では富栄養な植生から貧栄養な植生への進行的な遷移（一般の湿原植生でみられる方向の遷移）と，これに逆行する貧栄養な植生から富栄養な植生への退行的な遷移（通常の湿原植生とは逆の方向の遷移）とが1本の柱状試料の中に何回も繰り返しみられた。

このような植生の変遷と同時に，泥炭中の無機物や元素組成も小刻みに変化している。柱状試料の表層から深層に向かうにしたがって，物質の拡散や流出などの影響で元素組成の変化が明瞭ではなくなるが，深さ150 cmより上層では明瞭で，比較的最近の環境の変化を抽出することができる。炭素は土壌中の有機物量を示し，深さ150 cmより上層で高い値を示している。これより下層では炭素量が相対的に低いが，植物遺体が確認できることから，泥炭が形成されたものの時間の経過とともに泥炭の分解が進んで測定される炭素量が少なくなったのではないかと思われる。また，火山ガラスを含む火山灰層で炭素量が低くなっている。炭素，水素，窒素の量はほぼ同じ増減の傾向をもつが，これらがともに有機物量の指標になっており，深さ120 cm付近できわめて低い値を示す。ここは粒径が小さい粘土からなる層で，さらに深さ75 cmにもこれらの元素量の極小が認められる。このことは，これらの層で有機物の堆積がほとんどなかったことを示している。

一方，イオウの変化は，炭素量，窒素量，水素量とは逆の傾向を示す。イオウの割合は深さ145 cmより上層へ向かうにしたがって増加し，115 cmで最大値の4.5％を示す。これより上層ではイオウの割合が低下し，深さ82 cmより上層では0.5％以下となる。深さ115 cmではイオウの割合がもっとも高く，炭素

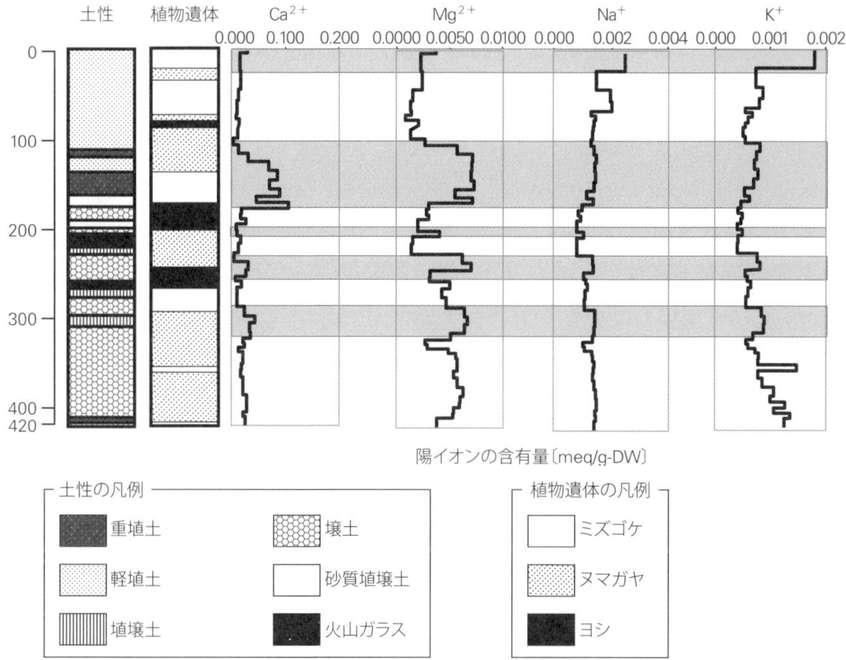

図62　タデ原湿原中央部のミズゴケ群落内で採取した泥炭柱状試料の交換性陽イオン分析値
風乾試料を酢酸アンモニウム溶液により抽出し，アンモニウムイオンと交換した交換性陽イオン濃度を定量した。分析値の網がけ部分は，交換性陽イオン総量が上下の層より高い値を示した層である。

量，窒素量，水素量がひじょうに低いので，ここが火山由来の無機質層であることがわかる。深さ 145 cm より上層でイオウの割合が高くなるので，イオウを含む鉱物の堆積はこの時期（およそ 970 yBP）より顕著になったといえよう。

深さ 145 cm 前後の植物の変遷をみると，イオウの割合が増加する深さを境に，その増加にともない優占種がミズゴケからヌマガヤへ，さらにヌマガヤからヨシへ変化しており，貧栄養な植生から富栄養な植生へと退行的な遷移をしたことを表していると考えられる。さらに，深さ 115 cm より上層では泥炭中のイオウの割合が急速に低下しているが，それが 0.5％まで低下する深さ 82 cm でヨシからヌマガヤ，さらにはミズゴケへと優占種が変化した。泥炭の成分の変化が同時に植生の変化を引き起こすわけではないが，火山活動にともなう火山性物質の負荷により湿原植生が大きく変化した 1 つの事例としてとらえることができるであろう。柱状試料のイオウが火山性のものかどうか，またイオウの負荷が植生に直接影響を与えているかどうかは確定できないが，深さ 145 cm にあたる年代は 970 ± 40 yBP で，ちょうどこれに対応する 980 ± 30 yBP に九重火山群にある黒岳の噴火の記録があることから判断して[50)]，この時期の植生の変遷には火山活動による攪乱が大きくかかわっているといってよいであろう。イオウの割合の増加する層は粘土層の上にあり，この粘土層が不透水層となって湿原全体の水位が上昇して抽水植物が生育するようになった可能性もある。火山性の堆積物が不透水層を形成することは一般に知られており[51)]，タデ原湿原でもこの不透水層が浅い湖沼を形成してイオウがそこに堆積することで植生の変遷を促した可能性が考えられよう。

深さ 115 cm は粘土の多い層であるが，これは火山噴出物が移動してできた二次堆積物と考えられる。一方，深さ 210 cm と 270 cm に認められる火山ガラスを含む明瞭な火山灰層の上層では，いずれもヨシが優占する富栄養な植生への変化が起こっている。これらの火山ガラスを含む火山灰層ではとくに元素組成に変化は認められない。この理由としては，鉱物の量がひじょうに多いことや，堆積してからの時間が経過しているため拡散によって均質化していることが考えられるが，この火山ガラスを含む火山灰層の上には，交換性陽イオン，とくにマグネシウム量が多い層が認められる（**図 59**）。交換性陽イオンとは，土壌（泥炭）中に保持されている陽イオンのうち高濃度のアンモニウムイオンで置換して定量される成分で，土壌が保持する栄養塩の量の指標となる。97 ページで述べたように，火山灰は土壌を改良する機能をもつため，降灰により有機物の分解が進み，回帰した栄養塩が富栄養な植生へと変化させたとみることができる。しかし，深さ 130 ～ 170 cm のミズゴケが優占する泥炭層およびこれより上にあるヌマガヤが優占する泥炭層でも交換性陽イオン濃度が高くなっているので，必ずしもこの増加にともなう栄養性の改善だけがあればヨシ群落が成立するとはいえない。ミズゴケが優占する泥炭層は，ミズゴケの細胞壁がもつ高いプロトン交換能によって交換性陽イオンを吸着保持する機能が高い。したがって，この高い交換性陽イオン濃度は，ミズゴケが優占した時代のものが堆積した後，先に述べた黒岳の噴火にかかわる火山活動による撹乱で負荷された陽イオンを吸着・保持したものとも考えられる。泥炭表面で，栄養塩として重要なカリウムが高くなっているのは，泥炭表面で循環する量が多いことと，現存のミズゴケ群落による栄養塩の吸着によるものであろう。タデ原湿原において栄養塩の循環過程に影響をおよぼす要因はさまざまあり複合的に作用するため，植生の変遷との関連はまだ結論づけられないが，このデータからも火山の影響を強く受けるタデ原湿原の植生と土壌，水に関する化学的環境がめまぐるしく変化するという特徴があきらかである。

9. 火山と野焼きと共生する里谷地

人為的な撹乱は湿原植生の維持にとってはあまり好ましくない場合が多いが，タデ原湿原や坊ガツル湿原で年１回，早春に行われる野焼きは例外である（図 63）。このように人為的に管理されてきた湿地を，里山に対して筆者は「里(さと)

図63　坊ガツル湿原の野焼き
タデ原湿原，坊ガツル湿原では，毎年1回，3月下旬から4月上旬に野焼きが行われる。湿原部分の全域がその対象となるわけではないが，野焼きが行われることによって湿原植生から森林への遷移が抑制される。

谷地（やち）」とよんでいる。谷地というのは，農作物の生産などに適さない湿地という否定的な意味をもつ用語であることは述べたが（6ページ参照），泥炭地が炭素の調節などきわめて重要な機能を有していることが判明した今こそ，この「谷地」を逆説的に利用してみたい。

用語はともかく，野焼きは湿原植生への樹木の侵入を抑えるので，森林への遷移を抑制することにつながる。若草山（奈良県）や阿蘇山周辺などでは毎年野焼きが行われており，植物の地上部を焼き払うことによって多年生草本の植生より先に遷移が進行するのを抑制し，草原を維持している。毎年の野焼きは人為的に攪乱を加え，遷移を退行させた後に二次遷移を人為的に開始させることで進行的な遷移を制御している。湿原での野焼きは，このような遷移の進行に対する攪乱の効果のほか，湿原内に侵入した樹木の地上部を焼き払うことによって葉による蒸散を抑え，水位を高く維持することで湿原の乾燥化を抑制する効果が高いと考えられている。樹木の侵入は必ずしも湿原の乾燥化の結果ではなく，北海道のハンノキ林やアカエゾマツ林は森林を本来の姿とする湿原の一形態である。しかし，タデ原湿原でのノリウツギ群落の急速な拡大は，相対的に水深が深い場所で進行していることから，湿原の乾燥化によるところが大きいであろう。樹木の葉からの蒸散は草本よりも速度が大きいので，樹木の侵入は結果として湿原をさらなる乾燥化へと導くものである。タデ原湿原の乾燥化の主要な原因は土石流などによる土砂の堆積や河川流路の閉塞で，自然発生的な攪乱によるものであるが，人為的な野焼きは湿原の維持に有効で，タデ原湿原はまさに里谷地ではないかと思う。

野焼きは，湿原の水位の制御だけでなく，栄養塩の循環にも影響をおよぼす。焼き畑農業はそこに生育した植物を人為的に焼き，有機物を分解することによって土壌栄養塩を回帰させて再び作物生産に用いる農法である。野焼きもこれと同様，土壌への栄養塩供給の効果がある。しかし，野焼きは植物の生育期前の3月下旬から4月上旬に行われるため，灰となって無機化した栄養塩が即座に植物に吸収されることがない。したがって，栄養塩は湿原から流出することになる。筆者らは，野焼き前後の湿原からの物質の流出を調べ，野焼き直後に栄養塩の流出が起こることを確認した（**図64**）。2008年4月5日に行われた野焼きの後，20 時間後に湿原の下流域で，渓流水にわずかな水位上昇が認められ，アンモニウムイオンやカリウムイオンの濃度も上昇した[52)]。この変動はカルシウムイオンではみられなかったのですべての元素に共通する現象とはいえないが，野焼きによって無機化された栄養塩が湿原から流出する証拠となるデータと判断している。渓流での水位上昇の理由はわからなかった。

タデ原湿原のように近傍で人間生活が営まれ，常にそこから栄養塩負荷の撹乱を受けている里谷地では，植物の生育期前に野焼きを行い，人為的に有機物を無機化して栄養塩を除去するという管理を行うことが貧栄養な湿原植生を維持するうえで重要となる。

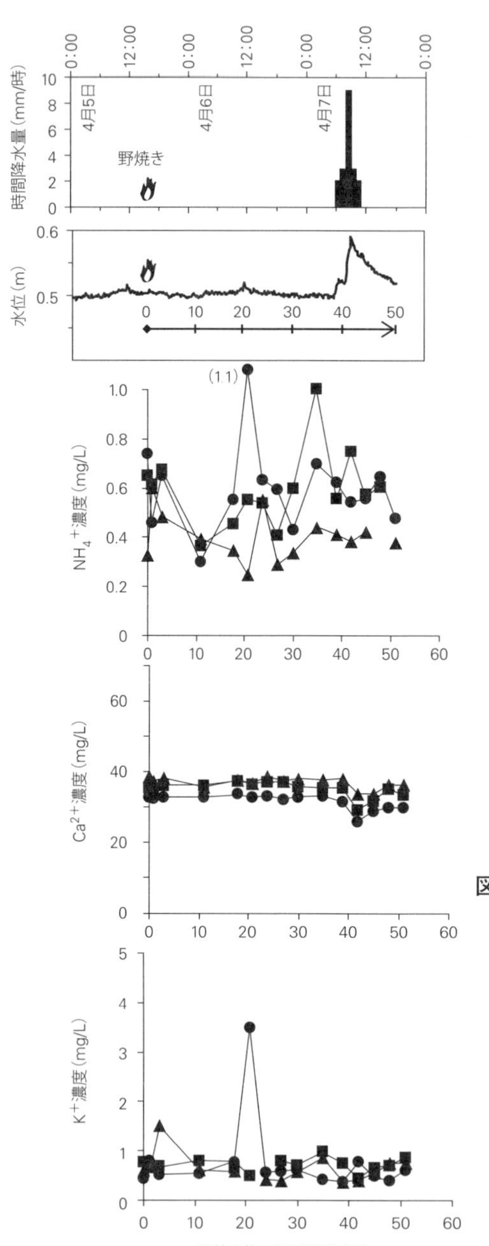

図64　タデ原湿原での野焼き直後の渓流水の水質変化

タデ原湿原から流出した水の水質を，2008年4月5日の野焼き直後から50時間計測した結果を示す。計測はいずれも野焼きの対象区域の下流で行い，白水川 (●)，湿原東端の渓流 (▲)，および両河川の合流点 (■) に測定点を設置した。水位は湿原から流出した水が流れ出る渓流と白水川の合流点における計測結果である。

Wetlands of japan

第4章

Chapter 4

人と湿原

4-1　浅茅野湿原

1. 湿原への有機物負荷

浅茅野(あさじの)湿原は，北海道北部のオホーツク海に面した，面積約9haの海洋性の湿原である。海岸線に沿ってはしる砂丘列の内陸側に位置することから，砂丘間湿地から発達した湿原であると考えられる。この湿原の周辺にはモケウニ沼などいくつかの湖沼が存在することからも，砂丘間湿地の名残りがうかがえる。ミズゴケが優占するbogとアカエゾマツ林が植生のおもな構成要素である(**図65**)。アカエゾマツ林はやや盛り上がった古い砂丘上に成立しており，乾燥化の指標ともなるササの一種チマキザサが林床に生育しているが，泥炭の上に成立していることから湿地性のアカエゾマツ林といえる。これは春国岱のアカエゾマツ林の立地環境と類似しており，今後春国岱および風蓮川湿原の遷移が進行して到達する植生の１つの可能性と考えられる。このような観点から考えると，浅茅野湿原は春国岱の場合の砂丘間湿地か風蓮湖に相当する位置にあり，地形的にはもと塩湿地であったと思われる。

浅茅野湿原は砂丘列により海洋から遮断されていることと，海岸線から2～3km離れていることから，海水の直接的な浸入はない。しかし，大気降下物としての海塩の負荷量は多く，落石岬湿原と同様に，泥炭水は高い電気伝導度を示す(**表5**)。浅茅野湿原の集水域は湿原の西側にあり，標高10～20mの丘陵となっている。集水域の面積としては狭いが，なだらかな丘陵は放牧地として利用されているため，ここからの栄養塩の負荷が懸念される。実際，放牧地から栄養塩や有機物が流入して水圏が富栄養化する現象は北海道北部や東部各地で問題になっており，その対策が検討されている。とくに寒冷地では畜産廃棄

図65　浅茅野湿原
浅茅野湿原は，オホーツク海に面した海洋性の湿原で，アカエゾマツ林とミズゴケ群落からなる（写真左）。湿原を横断する道路に沿って築かれた水路には湿原からの泥炭水が流入し，水生植物群落が成立している。写真右は水路に生育するヒメカイウである。

物は分解が進まず，有機物のまま水圏に流入するため，水中の有機物濃度が高くなる。水圏に流入した有機物は微生物のはたらきにより無機化され，これが栄養塩の負荷へとつながる。さらに，好気性微生物の増殖は底層の酸素欠乏，すなわち還元的環境をつくり，硫化水素やメタンの発生，重金属類の可溶化の原因となる。このように，水圏の有機物汚濁は，単に栄養性によって生物群集を変化させるだけではなく，有害な物質の生成・流出にも関係し，重要な環境問題となる。なお，これは有機物の分解速度が低い寒冷地だけの問題ではなく，熱帯地域でも同様に起こっている。筆者らは，マレーシアでゴミの埋立地（landfill）から流出する有機物による河川の汚染を調査したが，高温なため微生物活性が高く，かつ多雨により希釈・流出がすみやかに起こると考えられる熱帯地域でさえも深刻な問題に発展していた[53]。ましてや寒冷で微生物活性が低い地域であれば，有機物の過剰な負荷の防止はたいへん難しい課題であろうと思われる。

富栄養化は，貧栄養な環境で維持されているミズゴケの優占する湿原，すなわち bog では植生の維持にとくに危機的な影響をおよぼす。bog を構成するミズゴケは，低い pH，栄養塩，とくにカルシウムやリンの濃度が低い水質を要求

表5　浅茅野湿原の表層水の水質

浅茅野湿原の中央部に400×400 mの調査区を設置し，それを50 m間隔の格子に区切り，各格子における表層水の水質を測定した。この測定値を植生タイプごとに分類して示す。測定は1996年7月に行った。平均値±標準偏差，およびLSD test ($p = 0.01$) において，1変数内で有意差を示さない平均値に同じアルファベットを付して示した。ND：検出限界以下。NO_3^-とNO_2^-は全地点で常に検出限界以下であった。

植物群集タイプ	水生植物群落 (n = 18)	イワノガリヤスーヨシ群落 (n = 16)	アカエゾマツーヨシ群落 (n = 17)	アカエゾマツーチマキザサ群落 (n = 7)	チマキザサーヨシ群落 (n = 3)	ミズゴケ群落 (n = 37)
pH	6.65 ± 0.18^{a}	6.12 ± 0.30^{b}	5.77 ± 0.47^{c}	5.02 ± 0.16^{de}	5.48 ± 0.38^{de}	5.17 ± 0.37^{e}
電気伝導度 (mS/m)	10.35 ± 1.12^{a}	9.72 ± 1.28^{ab}	9.03 ± 1.93^{b}	8.85 ± 1.49^{bc}	7.82 ± 0.27^{bc}	7.94 ± 1.18^{c}
Na^+ (mg/L)	15.73 ± 2.39^{a}	16.12 ± 3.30^{a}	15.63 ± 2.12^{a}	14.32 ± 2.45^{a}	13.10 ± 1.33^{a}	14.34 ± 2.82^{a}
K^+ (mg/L)	1.33 ± 2.39^{a}	4.04 ± 3.03^{ab}	4.67 ± 3.46^{b}	4.46 ± 2.25^{ab}	3.49 ± 2.34^{ab}	3.99 ± 3.22^{b}
Mg^{2+} (mg/L)	4.35 ± 1.41^{a}	3.19 ± 1.72^{ab}	3.33 ± 1.73^{ab}	2.68 ± 0.88^{ab}	2.15 ± 0.76^{ab}	2.60 ± 1.58^{b}
Ca^{2+} (mg/L)	7.97 ± 3.74^{a}	4.74 ± 5.00^{ab}	4.38 ± 2.64^{b}	3.62 ± 2.41^{ab}	2.62 ± 1.55^{ab}	4.16 ± 4.23^{b}
NH_4^+ (mg/L)	0.02 ± 0.10^{a}	0.37 ± 0.78^{a}	0.15 ± 0.30^{a}	0.12 ± 0.21^{a}	ND	0.17 ± 0.56^{a}
PO_4^{3-} (mg/L)	ND	0.27 ± 0.50^{a}	0.12 ± 0.21^{a}	0.22 ± 0.23^{a}	0.30 ± 0.31^{a}	0.13 ± 0.35^{a}
SO_4^{2-} (mg/L)	0.02 ± 0.07^{a}	0.03 ± 0.08^{a}	0.09 ± 0.16^{a}	0.13 ± 0.19^{a}	ND	0.18 ± 0.29^{a}
Cl^- (mg/L)	18.43 ± 1.72^{ab}	20.53 ± 2.55^{a}	19.75 ± 3.02^{ab}	18.59 ± 2.73^{ab}	17.23 ± 2.05^{ab}	17.46 ± 3.56^{b}

し，みずからの細胞壁のもつプロトン交換能でこのような環境を創出，維持しつつ群落を保持している（11ページ参照）。このプロトン交換能で除去される量の栄養塩であれば問題ないが，それを超えるような負荷があった場合には，湿原の水環境が急速に変化し，貧栄養なbogの植生から退行的に富栄養なヌマガヤやヨシの優占するfenの植生に移行する。北海道北部の湿原ではササが優占する場合もあり，蒸散機能の高いササが侵入すれば乾燥化が急速に進み，もはやbogの植生には戻らない。

2. 湿原の化学環境と植生

浅茅野湿原において，集水域からの栄養塩の流入はあるのか，また栄養塩の流入が続くと湿原植生はどのように変化するのかに関して調査を行った[54)]。泥炭水の化学的特性と植生の対応を調べるために，平面的な広がりを意識して400 × 400 mの調査区を設置し，これを50 mの格子に区切り，その中で基礎データを収集した（**図66**）。調査区の東方にはオホーツク海があり，北方と西方に丘陵部が広がっている。この湿原の中央部を道路が東西に横断しており，この道路の両側に幅2 m，深さ1 mの水路が築かれている。水路は，湿原内の水の排水とともに，湿原への物質供給の機能ももつので，調査区はこの道路と水路を中心に設置した。この調査区の南部はオオミズゴケやムラサキミズゴケが優占するbogが，北部にヨシやイワノガリヤスが優占するfenが広がっている。アカエゾマツは湿原全体をとりまくように分布している。

ミズゴケ群落の西方から北方にかけて標高がやや低い部分が筋状に走っているが，これは道路脇の水路が築かれる以前に存在した自然の河川の河道跡である。この旧河川付近にfenが分布しているのは，河川堆積物による富栄養な環境が残っていることと，現在もなお降雨時や融雪期には河道跡を通って集水域からの流入があることによると考えられる。この河道跡に沿ってアンモニウムイオンやカリウムイオン，リン酸イオン（PO_4^{3-}）などの栄養塩が随所で検出されている（**図67**）。リンを含んだ生活排水などが河川や湖沼に流入すると，植物プランクトンの増殖が急速に進み，アオコや赤潮の発生要因となることはよく知られているが，リン酸イオンは陸水生態系では一次生産の制限要因となっ

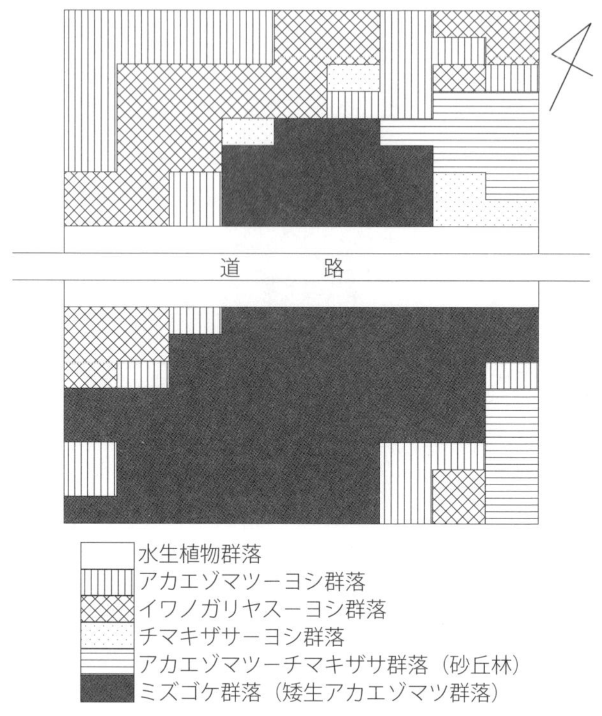

図66　浅茅野湿原の植生分布
浅茅野湿原の中央部に設置した400×400 mの調査区内の植生分布を示す。調査は1996年に行った。

ているため，通常は検出されることがない。リン酸イオンは鉄やカルシウムなどの金属と難溶性の塩を形成するイオンで，陸地の土壌でも不足しやすい成分である。多くの植物は，根に共生する菌根菌のはたらきで栄養塩としてのリンを得て成長している。ところが，湿原の場合は少々事情が異なり，酸素が欠乏し，かつ酸性化した土壌は，リンの可溶化を促進する。したがって，難溶性の塩として流入したリンは土壌中でリン酸イオンの形になり，栄養塩として植物に利用される。湿原におけるリンの挙動に関してはまだ不明な点も多く，筆者も研究を進めているところであるが，少なくとも陸上生態系や水圏生態系とはまったく異質であるといえよう。

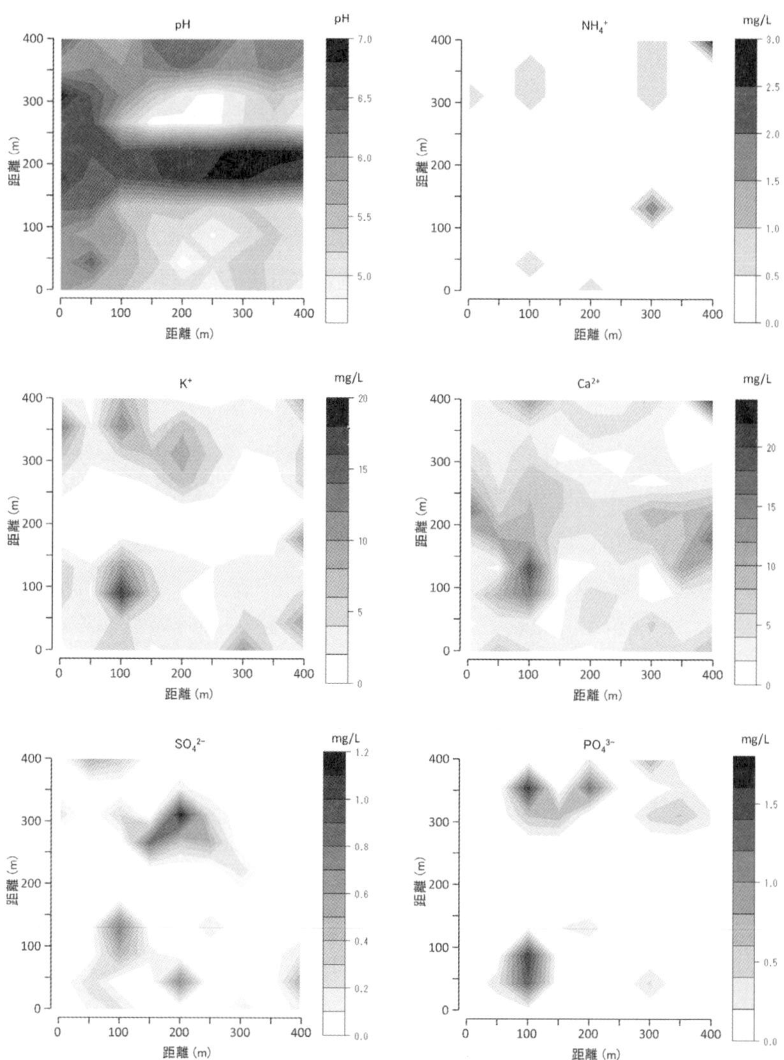

図67　浅茅野湿原の水質分布

浅茅野湿原の中央部に設置した400×400 mの調査区内における，表層水のpH，アンモニウムイオン (NH_4^+)，カリウムイオン (K^+)，カルシウムイオン (Ca^{2+})，硫酸イオン (SO_4^{2-})，リン酸イオン (PO_4^{3-}) の分布を示す。調査は1996年7月に行った。

河道跡に沿って，リン酸イオンとともにアンモニウムイオンが検出されていることから考えて，畜産廃棄物の流入が示唆される。浅茅野湿原本来の貧栄養な bog の植生を維持するためには，旧河川を含む集水域から湿原に流入する栄養塩をどのように制御するのかが大きな課題である。

調査区の南西部には，リン酸イオン，カルシウムイオン，カリウムイオン，硫酸イオンの各濃度がスポット的に高くなる場所が認められる（**図67**）。このような高濃度のスポットは成分ごとに若干位置が異なるが，いずれもかつて池塘であった場所をミズゴケのマットが覆ったため，浮島状になっている場所である。地下水は地表を流れる水とは異なり，泥炭層の下の鉱物質層から溶出する物質，還元的環境下で生成する物質，地下水流により運ばれる物質などさまざまな負荷要因の影響を受ける。これらの要因を特定することは難しいが，ここでは，カリウムイオンやリン酸イオンの濃度が高くなっている点に注目したい。アンモニウムイオンが高濃度で検出されなかったのはこのスポットが還元的になっていないためと思われる。したがって，リン酸イオンの起源は集水域から伏流する地下水に含まれていた栄養塩であろう。その確固たる証拠は得られていないが，一般的に伏流水は湿原における重要な輸送過程の１つであり，その可能性は高い。

湿原中央をはしる道路の両脇にある水路の水の pH は湿原の泥炭水より 1.5 ～ 2.0 高い値を示し，またカルシウムイオンが相対的に高い値を示す（**表5**）。現状では，湿原からの排水と泥炭層の基底にある鉱物質層から溶出した物質が水路に流れ込み，湿原外へと流出しているが，もしこの水が湿原に流入してもカルシウムイオンのほかは問題となる物質はないため，富栄養化の心配はない。さらに，集水域から流入する栄養塩をこの水路に導けば湿原への直接の影響を小さくすることができるので，このような水路の活用法も考えられよう。この水路は人工的な構造物であるが，ここには池塘でみられるヨシ，ヒツジグサ，タヌキモなどの水生植物群落が発達し，ヒメカイウといった絶滅危惧種もみられる（**図65**）。開発された湿原を復元するために，水路を埋めて水位を上昇させる方法が有効であるとされているが（205 ページ参照），浅茅野湿原の水路は富栄養化の防止や生物多様性保全の面で活用できるのではないかと思われる。

4-2 サロベツ湿原

1. 湿原の排水による農地への転換

サロベツ湿原は北海道北部の日本海側に位置し，南北 28 km，東西 5 ～ 8 km におよぶ面積約 6,660 ha の広大な湿原である[55]。この湿原は，霧多布湿原同様，^{14}C 年代測定により 4,000 ～ 5,000 yBP に海水面の低下にともなって形成が開始されたことがわかっており，泥炭層は 6 m にも達している。かつてのサロベツ湿原はミズゴケが優占する bog が広く分布し，ホロムイスゲとイボミズゴケ，ムラサキミズゴケの群落が原生の主要な植生であった。サロベツ湿原もほかの低地にある湿原と同様に，農地への転用が進められた。明渠の構築により湿原の水が排水されると水位が低下し，乾燥化が進む。水位の低下は泥炭層へ酸素の供給を促すので，泥炭の分解が進み，栄養塩が回帰して富栄養化が進む。サロベツ湿原は，とくに bog が広く分布する貧栄養な環境であったため，富栄養化による植生への影響は著しかった。富栄養化はヌマガヤやヨシなど fen を構成する草本，あるいはハンノキなどの樹木の成長を促すが，サロベツ湿原の場合にはササの侵入が急速に進んだ（図 68）。北海道北部のように積雪の多い

図 68　サロベツ湿原へのササの侵入
サロベツ湿原では，排水にともなうササの侵入が大きな問題となっている。多雪地域であることがササの侵入を促す 1 つの要因であるが，北海道北部の湿原は共通してササの侵入の危険性を有している。

地域では，積雪の保温効果により植物体が凍結しないことや，ササは越冬芽を高い位置につけることができるため（93 ページ参照），より分布を広げやすい。ササは地下茎により成長し，稈の密集した群落を作るので他種が侵入できず，ほとんど純群落となりその分布域を拡大していく。そのため，ササ群落への遷移は不可逆的で，一度ササが侵入すると，生物の多様度は著しく低下する。このような状態は，少なくともササが一斉開花して群落全体が枯死するまで継続する。

湿原に侵入したササの駆除や群落の拡大防止には，たとえば遮水シートを埋設して水をため水位を上げる方法などが試みられているが，面積が広大なだけに難しい。排水がササの侵入を引き起こしたことから考えて，時間はかかるが排水路の閉塞が効果的であろうと思われる。

2. 泥炭の採掘と植生の回復

サロベツ湿原では農地への転換とは別に，1970 年以来泥炭の採掘が行われてきた。ここでは，年間 3 〜 22 ha の割合で泥炭が深さ 3 m まで採掘された。泥炭の採掘は，泥炭が広く分布するフィンランドやアイルランド，カナダ，ニュージーランドなどでさかんに行われており，燃料や土壌改良剤，園芸資材などのほか，医薬品の製造，保湿剤，吸湿剤，ピートテラピーなどに利用されている。泥炭はバイオマス資源であり，採掘後も再び泥炭が形成されるので再利用可能な資源の 1 つである。しかし問題は採掘後にいかにして湿原植生を回復させるかであるが，通常，それには時間がかかる。インドネシア中央カリマンタンにも，フィンランドの企業が泥炭の採掘を試みたが，輸送コストや泥炭の質などの面から 3 m ほどの深さまで採掘したところで放棄された場所がある。ここでの植生は回復がたいへん遅く，10 年以上経過してようやく植被が戻ったものの，もとの泥炭形成植物の群落にはならず，湿原への回復はきわめて難しい状況である。

しかし，泥炭の採掘跡地をもとの泥炭地に復元することはたいへん重要な課題である。サロベツ湿原では，最近，Nishimura ら[56]により，植生の回復の過程と，それにかかわる環境要因との関係が解析された。

泥炭の採掘跡地は裸地から始まり，オオイヌノハナヒゲ（*Rhynchospora fauriei* Franch.）群落，ヨシ群落やヌマガヤ群落を経てミズゴケ群落になりもとの植生に回復することが，自然な遷移過程から予想される。しかし，サロベツ湿原では採掘後33年が経過しても植生がもと通りに回復した場所はない。ミズゴケはもと87％の被度があったが，50％ほどにしか回復せず，それも191調査点のうち5ヵ所のみでしかない。ミズゴケ群落への回復はたいへん難しく，時間がかかることがわかる。

ミズゴケ群落の回復が遅い理由は，つぎのように考えられる。泥炭の採掘直後の裸地はpHが5.8，電気伝導度が13.7 mS/m（いずれも平均値）であるが，イボミズゴケが優占する群落でのpHが4.4，電気伝導度が10.3 mS/mと比較すると有意に高い値を示した。また，イオン濃度についても，アンモニウムイオン，カリウムイオンの裸地での値が有意に高かった。このように，泥炭を採掘すると水質が大きく変化し，とくにpHは自然での値より1.0以上高くなることがわかる。ミズゴケは低いpHの環境に生育するため，pHの上昇はミズゴケの定着には不適当な条件となる。仮にミズゴケが定着すれば，ミズゴケ自身のもつ酸性化のはたらき（11, 60ページ参照）で泥炭水のpHは低くなる。高い水位が常時維持されていると，せっかくミズゴケが侵入してもpHの高い水に直接触れることになるため，ミズゴケの定着には適していないことになる。しかしながら，地下水深が低くなりすぎると乾燥につながるため，これもミズゴケの定着には不利になる。サロベツ湿原での植生の回復を調査した結果から，夏季（8月・9月）の2～3ヵ月に地下水深が平均で20 cmより深くなる場所ではミズゴケの定着がほとんど認められなかった。ミズゴケの定着がよかった場所では，同期間の地下水深の平均が10～20 cmの範囲にあった。ミズゴケの定着を促すためには，適切な水位を保つことが重要であることがわかる。

北海道北部のサロベツ湿原に代表される湿原に共通していえることは，ササをともなっているということである。サロベツ湿原は本来ミズゴケが優占するbogであったが，排水による乾燥化に加え，多雪地域であることでササの侵入を受け，植生が不可逆的に大きく変化してしまった。bogからfenへと退行的な遷移をしても，それがヌマガヤやヨシが優占する本来のfenであれば，水位の調節を行うことでもと通りのbogへと導くことも可能であろう。しかしながら，湿原植生とはまったく異なるササ群落はさらにいっそう乾燥化を進め，生物多様性も低下させるため，容易にもとの湿原には復元できない。侵入したササを駆除するのは困難であるので，ササが侵入しないような水環境，すなわち湿原本来の高い水位を維持することが，この地域の湿原の保全につながるであろう。

4-3　都市の中の湿原 ― 深泥池 ―

1. 都市型湿原

京都市市街地の北部に位置する深泥池（みぞろがいけ）は，暖温帯の標高70 mという低地にありながら，発達した泥炭層をもつ湿原である。通常，泥炭地の分布の中心は熱帯地域と亜寒帯地域にある。低地の泥炭地は日本国内では北海道にほぼ限られており，いずれも寒冷な気候が泥炭を形成する要因になっている。北海道南部や，本州，四国，九州の低地帯は比較的温暖であるので，有機物の分解速度が速い。したがって，暖温帯にも泥炭形成植物のヨシなどが優占する湿地はあるが，泥炭の形成には至らない。このような泥炭地の分布のなかで，深泥池は暖温帯の低地にあり，たいへん異質な存在である。さらに，深泥池には北方系の寒冷地に生息する生物が多数みられるのも特筆すべきことである。そのため，1927年に水生植物群落が，そして1988年には生物群集全体が天然記念物として指定され，保護されている。深泥池に関しては，「深泥池の自然と人（深泥池学術調査団 編）」[57]，「京都深泥池　氷期からの自然（藤田 昇・遠藤 彰 編）」[58]，「深泥池の自然と暮らし（深泥池七人委員会編集部会 編）」[59]などの出版物があり，詳しく紹介されているので，参照されたい。本書ではとくに化学的環境と生物群集との関連に関する研究例を紹介するが，現在の深泥池の湿原は，この研究が行われた1980年代とは大きく変化した。ここでは，当時の研究結果に基づいて，深泥池の湿原を紹介する。

2. 深泥池の浮島

深泥池の泥炭地は，巨大な浮島の形で存在している点に特徴がある。浮島といえば尾瀬の湿原でみられるような池塘に直径1～2m程度の泥炭からなるマット状のものが複数浮かんでいるのを想像するのが一般的であるが，深泥池にある浮島は長径400m，短径200mのほぼ楕円形をした，たった1つの巨大なものである。面積約9haの池の中に，約5haの浮島が存在している。現状では，泥炭層の発達により浮島の東側の一部が陸につながっているが，ほとんどの部分は水面に浮いている。浮島を構成する泥炭層の厚さは1.0～2.0mであり，その下には50cmほどの水層（148ページ参照）が存在している。その水層のさらに下には池の底まで泥炭が堆積しており，その深さは最大約17mに達する。現在の浮島を構成する泥炭の形成は最終氷期直後，すなわち今から1万年ないしは1万2千年前に開始されたものであるが，水層の下の泥炭層は年代的にとぎれることなく連続して存在し，深さ17mにある部分は13万年以上前に形成されたとされている[57)]。

浮島の生成過程についてはさまざまな説がある。たとえば，泥炭が池のへりから中央に向かって発達し，これがへりから物理的に切断されて浮島になったという説や，池の底に堆積していた泥炭層の一部が泥炭の内部にたまったメタンや二酸化炭素などのガスにより剥離し，それが浮上して浮島となったという説などが知られている。また，熱帯地域ではホテイアオイのような浮遊植物が核となり，これが成長して浮島となるプロセスも知られていて，多くみられる。深泥池にもミツガシワの根茎が形成するマットが存在し，これがしばしば離脱して浮島のように漂っているようすが認められるが，深泥池の浮島そのものについては，池の底層として存在していた泥炭が底部から剥離して形成された説が有力であると考えられる。これは，泥炭層の構造が浮島と池の底にある泥炭で連続していることから判断できる。

2004年にChet Van Duzerにより出版された世界各地の浮島に関する文献のリスト[60)]には，深泥池をはじめとして尾瀬ヶ原や霧多布湿原の池塘に存在する浮島のほか，和歌山県新宮の浮島や山形県の大沼，福島県の二沼などが日本のものとして紹介されている。浮島そのものは世界的にも珍しいものではないが，深泥池の5haもある大面積の浮島は，世界的にもきわめてまれな存在である。

3. 深泥池の植生

深泥池の植生は，浮島上の群落と，これをとりまく池沼の群落とに大きく分けられる。池沼にはヨシ，マコモなどの抽水植物やジュンサイ，ヒメコウホネ，ヒシなどの浮葉植物，タヌキモなどの沈水植物がみられ，水生植物だけをみても多様性が高い。浮島には富栄養なfenと貧栄養なbogが混在している。fenはヨシ，セイタカヨシ，カキツバタ（深泥池には白色の花をつける個体が多い），オオイヌノハナヒゲが優占する群落で構成されている。また，通常は浮葉植物として生育するヒツジグサやヒメコオホネが陸棲型として浮島上に生育している。このほか，氷河期の残存種である北方系植物のミツガシワが広くfenに分布し，ここから池沼の開水面に向かって群落を拡大している。開水面上に発達したミツガシワ群落はきわめて一次生産が高く，北方系の残存植物とは思えないほどの旺盛な成長を示している[59)]。

貧栄養なbogの植生は，オオミズゴケとハリミズゴケの2種のミズゴケを主体とし，これらが形成するhummock（ハンモック）（微地形の凸地，58ページ参照）上にサワギキョウ，トキソウ，ホロムイソウ，モウセンゴケなど数多くの北方系植物が生育している（**図69**）。これら2種のミズゴケは，一般の泥炭地では必ずしもbog特有のものではないが，深泥池では発達したhummockを形成する種として重要である。ミズゴケが形成するhummockはbog特有の地形であることから，少なくともこの部分はbogとよんでもよいであろう。ただし，浮島全体を1つの湿原として分類する場合には，貧栄養な植生はミズゴケ群落の一部に限定されることから，fenとするのが妥当である。

このhummockが発達すると，中央部にアカマツ，ネジキ，イヌツゲ，ノリウツギ，ソヨゴ，ヤマウルシなどの樹木が侵入し，その部分には落葉・落枝（リター）が堆積してミズゴケ群落が消失する。このように発達したhummockの中心はまだ土壌中の水分量は多いが，樹木が覆うため湿生植物の生育は認められない。一方，ミズゴケに混じってホロムイソウ，モウセンゴケなど北方系植物

図69　深泥池の浮島上にみられるhummock
深泥池の浮島には，オオミズゴケとハリミズゴケが基盤となって形成される盛り上がった微地形のhummockが多数みられる。よく発達したhummockの中心には，アカマツやノリウツギなどの低木が生育する。

が多数生育している。ホロムイソウは北海道では各地の湿原でみられるが，本州での現存する生育地は深泥池のほか尾瀬を含む数ヵ所に限られ，隔離分布を示す種としてたいへん貴重である。ホロムイソウが泥炭の形成されたどの時期から深泥池に生育していたのかについて正確な記録が得られていないが，最終氷期後の温暖化によって各地の植生が変化するなかでもとくに特殊な湿原という環境で残存してきた種であることは確かであろう。深泥池の浮島が現在も北方系植物の生育に適した環境であり，その環境が維持されていることは深泥池の特徴である。

4. 深泥池の泥炭層とその維持機構

寒冷な時期に堆積した泥炭が地下に埋没している（埋没泥炭）例は多く，ヨーロッパ各地では間氷期に形成された泥炭が褐炭として存在し，これがエネルギー資源として採掘されている。しかし，埋没泥炭は鉱物質層の層間や沖積平野の堆積層の下に存在する場合が多く，深泥池のように最終氷期以降に形成された泥炭層と連続してみられるものは特異である。

さらに特徴的な点は，現在でもなお温暖な気候のもとに泥炭層が存在し続けていることである。熱帯地域では常時 27℃程度という高温な気候で泥炭が形成されるので，けっして寒冷であることが泥炭の形成に必須な条件ではないが，深泥池には北方系植物が現存していることから判断して，その維持にはあくまでも寒冷な環境が適した条件である。また，寒冷地の泥炭水の pH が 4.0 以上であるのに対し，熱帯地域では pH は通常 3.0 ～ 3.5 の範囲にあり，高い酸性度で維持されている泥炭であると考えられている。なぜ酸性度が高いのかについてはまだよくわかっていないが，熱帯地域の泥炭が木質泥炭であることと関係があるとの見解がある。

深泥池は本来泥炭地が成立しにくい気候下にあり，現に暖温帯では過去に形成された泥炭（埋没泥炭）が存在する場合を除ききわめてまれである。泥炭が深泥池で維持されてきた理由の 1 つに，浮島という形態をとっていることがあげられるであろう。しかも，ただ浮島として水面に浮いているだけではなく，泥炭層の伸縮と密度変化により浮島自体が季節的に浮沈している。沈降した時期には泥炭表面が冠水して還元的な環境が保たれることで分解が抑制されるため，温暖な気候下でも泥炭層が維持されてきたのではないかと考えられる。

もう少し詳しくこの浮島の浮沈運動について説明しよう。泥炭層の内部では，高温になると好気的あるいは嫌気的な条件下で有機物の分解が進み，二酸化炭素やメタンが発生する。これらのガスは容易には大気中に放出されず，泥炭層の中にとどまるため，泥炭層が膨張して密度が下がり浮島全体が浮上しやすくなる。高温になる時期に浮島が浮上するとその表面が水面上に露出し，乾燥するほどではないが，酸化的な環境になる。一方，気温が低下すると泥炭層の中でのガスの発生速度が低下し，また泥炭層中に閉じ込められていたガスが少しずつ大気中に放出されるため，泥炭層が収縮して密度が増加し，浮島が沈むとその表面が冠水する。このようなメカニズムにより，浮島の季節的な浮沈および表面の冠水と渇水サイクルが生ずる。この季節的な浮沈運動が，浮島上に生育する植物にさまざまな影響をおよぼしている。筆者は，浮島表面の水位変動にともなう化学的な土壌環境の変動と植物の分布・生育との関連について調査を行った。以下，このような観点で研究成果の概要を紹介しよう。

5. 浮島の浮沈運動と水質の関係

浮島の浮沈運動にともない，表面の環境は明瞭な季節変動を示す。寒冷な時期に冠水すると池沼の水の影響を直接受けるが，高温な時期に浮上すると浮島内（たとえば池塘）の水は独特の水質を示すようになる。筆者らが行った浮島の浮沈にともなう浮島内外の水質の季節変動の調査[61]から，電気伝導度の計測結果を示す（図 70, 図 71）。池沼水は浮島内の水と比較して電気伝導度が高い。カルシウムイオンについても同様な傾向を示したことから（図 72），池沼の水は浮島内と比較して栄養塩濃度が高く，富栄養な水質であるといえる。これに対して，浮島内は平均的な電気伝導度は一般にみられる貧栄養な bog での値に近く，相対的に貧栄養な水質が保たれているといえる。これは，もともと貧栄養な環境にある湿原植生の維持には重要なことである。しかし，浮島内がまったく池沼から栄養塩の負荷を受けていないかというとそうではない。寒冷な季

図70　深泥池の浮島と水質調査地点
深泥池の泥炭層は，面積約 9 ha の池の中に，約 5 ha ほどの巨大な浮島として存在する。中央に存在する浮島の北部，西部，南部をとりまくように開水面（池の水が常時存在する部分）があり，ここには抽水植物のヨシ，ミツガシワや，浮葉植物のヒシ，ジュンサイなどが優占する水生植物群落が発達している。図中には，水質調査を行った地点を示す。浮島に垂直に挿入したパイプを通じて浮島下にある水層（浮島表面から約 1.5 m 下）からも地下水を採取した。

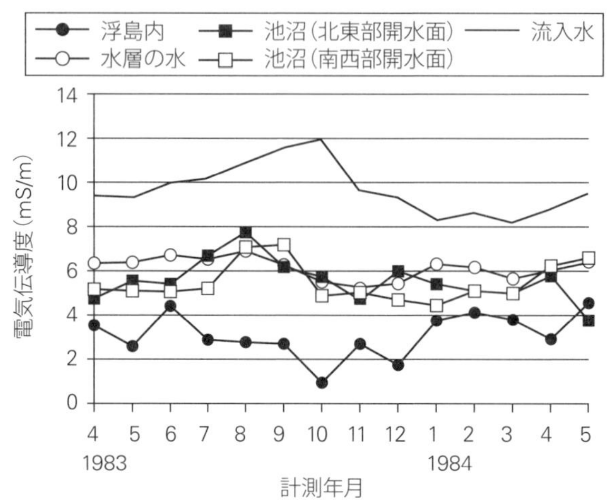

図71　深泥池の電気伝導度の季節変動
浮島内（池塘）の電気伝導度は，寒冷な時期に冠水すると池沼（北東部開水面，南西部開水面）の水の影響を受けるため高くなるが，浮上すると著しく低い値を示す。池の南東端には水路が流入し，この流入水は常に高い電気伝導度を示し，水道水に酷似している（152ページ参照）。（Haraguchi & Matsui[61] より改変）

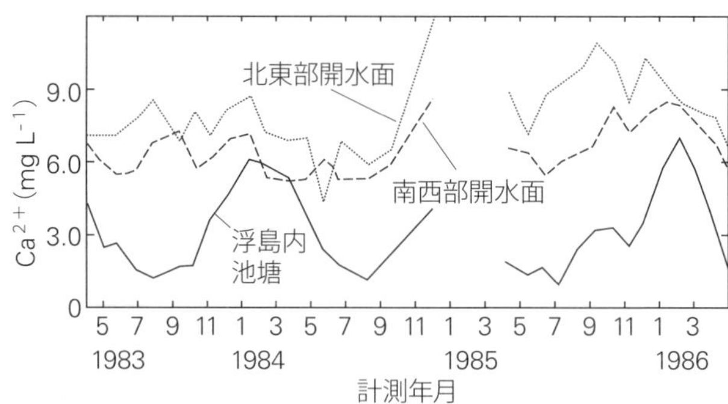

図72　深泥池のカルシウムイオン（Ca^{2+}）濃度の季節変動
浮島内（池塘；実線）におけるカルシウムイオン濃度は池沼（南西部開水面；破線，北東部開水面；点線）と比較して低いが，冬季に浮島が冠水すると池沼の水の影響を受けてカルシウムイオン濃度が高くなる傾向を示す。（Haraguchi & Matsui[61] より改変）

節に浮島が沈むと池沼の水が流入し，栄養塩濃度が高くなる。浮上する高温の季節にはこの影響がなく，一方的に水生植物や植物プランクトンが栄養塩を消費するため池塘の電気伝導度は低くなる。

富栄養な水の流入は植生を bog から fen へと退行的に遷移させるため，貧栄養な環境を好む生物への影響が大きい。深泥池の生物相には北方系の生物が多種含まれるが，これは氷河期に形成された貧栄養な湿原に残存している種であり，貧栄養な環境を維持することは湿原植物にとっては必須である。浮島をとりまく池沼の水が富栄養化した原因が何であるかを断定することはできないが，都市の中に存在するため多かれ少なかれ人為的な作用を受けており，すでに深泥池の浮島は富栄養な水にさらされている。

しかし，浮島の浮沈運動によって，富栄養な水が直接浸入するのは寒冷な季節に限定されているので，池沼に生育する水生植物群落にくらべれば栄養塩負荷の影響は小さいであろう。とくに，富栄養な水が浸入する季節（冬季）は植物の休眠期にあたり，夏季の生育期には浮上によって貧栄養化が進むため，浮島内の植物に対する栄養塩の影響は最小限に抑えられているといえよう。このように浮島が浮沈運動を示すことが，浮島上の湿原の環境を貧栄養な状態に保つうえで重要な役割を果たしている。

逆に，池沼の植物に対する富栄養化の影響は著しい。その一例として，とくに開水面に生育するミツガシワの成長は富栄養化の影響を著しく受けている。氷河期の残存種として知られるミツガシワは北方系植物で，北極圏をとりまく亜寒帯地域を中心に広く分布する。日本国内でも山地性の湿原や北海道の低地にある湿原に普通にみられるが，暖温帯地域での分布はまれである。本来の生育地ではミツガシワが密な大群落を作ることはないが，深泥池では，とくに北東部開水面で異常なほどの成長を示す（**図 73**）。たとえば，通常ミツガシワの根茎の直径は 0.5 ～ 1.0 cm で，年間成長はたかだか 5 ～ 10 cm 程度であるのに対して，深泥池では根茎は直径 2.0 ～ 3.0 cm，年間成長は 100 cm 以上に達する場合がある[62,63]。さらに，開花や結実も著しく良好である。ラミート（栄養繁殖で成長するクローン植物の個体に相当する単位）によっては年間 2 つ以上の花序を形成する場合もある。これは，池沼が富栄養化していることを示すよい例である。現状では浮沈

図73　深泥池でみられるミツガシワの大群落
深泥池では，暖温帯の低地には珍しい北方系植物であるミツガシワがみられるが，富栄養な水質の影響で，その生育はきわめて旺盛である。

運動によって浮島内の栄養塩負荷は最小限に抑えられているが，状況が変化すれば必ずしもこのような状態が維持されるとは限らず，浮島内の生物群集を維持するにあたっては，池沼の水質に注意を払う必要がある。

6. 浮島の下にある水層の水質

浮島の水質に関連する興味深い性質を有しているのが，浮島の下に存在する水層である。1.0～2.0 m の厚さをもつ巨大な浮島の下にある水は，大気とは完全に隔離された1つの層としてみることができる。すなわち，浮島が水層を大気から遮蔽し，大気から水層への酸素の供給，および水層から大気への二酸化炭素やメタンの放散が抑えられるため，水層は還元的な環境におかれている。このことは，水層でのアンモニウムイオンの濃度がほかと比較して著しく高いことからも判断できる（**表6**）。窒素化合物は環境の酸素濃度に応じてその形態が変化し，酸化的な環境では硝酸化成のはたらきによってアンモニウムイオンから亜硝酸イオン（NO_2^-），硝酸イオンへと変化する。一方，還元的な環境で

表６　深泥池の水質
1983年4月から1986年5月まで（流入水に関しては1983年4月から1984年5月まで）の平均値と標準偏差（括弧内）を示す。

	浮島内（池塘）	浮島内（表層水）	水層	池沼（南西部開水面）	流入水
pH	4.9（0.8）	4.8（0.3）	5.5（0.3）	5.9（0.4）	6.3（0.3）
電気伝導度 (mS/m)	3.89（1.61）	4.18（1.05）	7.59（1.02）	6.74（1.52）	9.67（1.15）
TP (mg-P/L)	81.8（57.5）	116.0（88.6）	62.3（56.7）	66.2（47.3）	11.1（7.0）
TN (mg-N/L)	1359（454）	2642（1447）	1143（638）	911（446）	376.4（104.0）
K^+ (mg/L)	0.9（1.3）	0.7（0.4）	1.5（0.5）	1.4（1.0）	1.9（0.2）
Ca^{2+} (mg/L)	3.2（1.7）	2.4（1.0）	6.6（1.1）	6.6（1.1）	11.2（1.5）
NO_3^- (mg-N/L)	28（42）	22（19）	52（122）	17（24）	339.2（71.8）
NH_4^+ (mg-N/L)	32（59）	69（211）	490（304）	17（24）	20.0（16.6）
PO_4^{3-} (mg-P/L)	25（37）	14（24）	58（63）	28（25）	27.8（41.7）

は，有機物の分解で生じたアンモニア（NH_3）もしくはアンモニウムイオンが酸化されずにそのままの状態で存在する。これらの無機態窒素の一部は，脱窒素作用によって窒素ガスあるいは亜酸化窒素を生ずる。本来脱窒素作用は還元的な条件下で進行するが，酸化的な条件下で起こることもあり，複雑である。現在，窒素肥料を多量に使用する集約的な農業で施肥された過剰な硝酸イオンが原料となって進行した脱窒素作用で生成された亜酸化窒素による温暖化が加速しているといわれており，とくに土壌中での窒素の動態に関しては地球環境の観点からさかんに研究が行われている。

さて，水層の水であるが，完全に大気から遮蔽されて安定な水質を保ってい

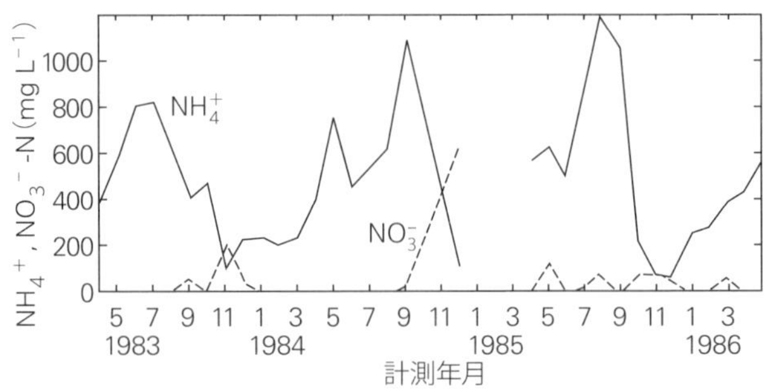

図74　浮島の下にある水層のアンモニウムイオン（NH_4^+），硝酸イオン（NO_3^-）濃度の季節変動
アンモニウムイオン濃度（実線）は，浮島内（図75参照）と比較して常時高い値を示すが，とくに夏季に高く冬季に低くなる。硝酸イオン濃度（破線）は秋季にアンモニウムイオン濃度が低下する時期に一時的に高くなる傾向がみられる。（Haraguchi & Matsui[61]より改変）

るのではなく，顕著な季節変動を示す。アンモニウムイオン濃度は常時高いが，春季から夏季にかけて水温の上昇とともにさらに上昇し，8月から9月に最大値に達する（**図74**）。これは，水温の上昇にともない嫌気的に有機物の分解が進み，生成されたアンモニウムイオンが蓄積するためと考えられる。その後アンモニウムイオン濃度は低下し，冬季に最小値となる。これに対して硝酸イオンは還元的な環境下では常時濃度が低いが，冬季にやや高い値を示す。硝酸イオンのように生育の制限要因となっている栄養塩は即座に植物に吸収されてしまうので水質分析では検出されないことが多いが，水層は植物の影響が少ないためしばしば検出される。これはアンモニウムイオン濃度の低下と対応しており，ここでは冬季に酸化的な硝酸化成の反応が進行していると考えられる。ほかにも，硝酸イオンの生成は年間を通じてみられるが，水温の高い時期には水層まで達する根をもつミツガシワのような植物によってすみやかに吸収され，そのために検出されないとも解釈できる。いずれにしてもこれらイオンの濃度は水層で顕著な季節変動を示し，単に浮島で生成されたイオンがその下の水層に蓄積するのではなく，ここから外部に輸送されるプロセスが存在することがわかる。浮島内でも，夏季に有機物の分解が進み，アンモニウムイオンの濃度が高まり，硝酸イオンは秋から冬に増加する（**図75**）。浮島内でのイオン濃度

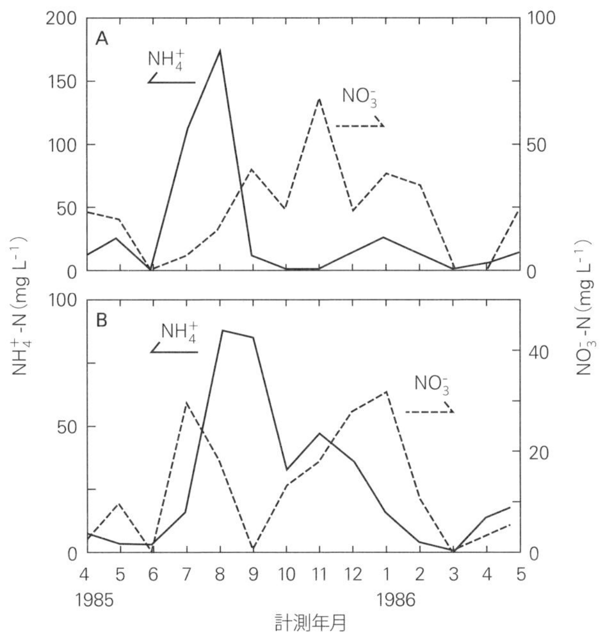

図75　浮島内のアンモニウムイオン (NH_4^+), 硝酸イオン (NO_3^-) 濃度の季節変動
浮島上の2地点 (図67の泥炭表層A；上図, 泥炭表層B；下図) で計測したアンモニウムイオン濃度 (実線) と硝酸イオン濃度 (破線) の季節変動を示す。アンモニウムイオン濃度は夏季に高く, 硝酸イオン濃度は冬季に極大を示す。(Haraguchi & Matsui[61] より改変)

の変動 (**図 75**) は水層 (**図 74**) と類似しており, 有機物の分解にともなう無機態窒素の回帰と植物への吸収で説明できるが, 水層の場合には植物による吸収が浮島内ほど活発ではないことから, これらのイオンが池沼に物理的に輸送されることも重要なプロセスであると考えられる。つまり, 浮島で有機物の分解により生成した栄養塩が水層から池沼の開水面へと輸送・回帰していると考えられる。冬季は浮島が沈降し, ほぼ全域が冠水状態になるので, 水層から回帰した栄養塩は, 冬季に直接浮島上に輸送されることになる。先にも述べたとおり, 冬季は植物の成長速度が低いため栄養塩の吸収は少なく, 浮島上の植物群落への直接的な影響は小さいが, 一部はそこの植物の生育に利用されている。

水が物理的に輸送される過程については不明な点が多い。確認はされていな

いが，深泥池には湧水や池の東部の集水域から浮島に伏流する流入水があるといわれており，これらが浮島の下にある水を徐々におきかえているのかもしれない。実際，浮島の浮沈運動による物理的な輸送と濃度勾配にしたがった拡散だけではここでみられるようなイオン濃度の明瞭な季節変動は十分に説明しきれない部分があり，湧水や伏流について詳細な調査を行う必要があろう。

7. 水質に関する環境問題

深泥池の水質に関して，池の南東部から流入する水の問題がある（**図 76**）。この水は年間を通じて一定の流量を保っており，深泥池を涵養する効果がある。しかしながら，その水質は水道水に酷似しており，深泥池北東部の丘陵上にある浄水場からの漏水の可能性が指摘されてきた。浄水場の設備を補修することなどで量は減少したが，現在もなお流入は続いている。この水は透明度が高く，化学的には飲用可能であるが，pH が高く，カルシウムイオンや硝酸イオン

図76　深泥池への流入水
池の南東部から流入する水は，カルシウムイオンや硝酸イオン濃度が高く，またpHが高いため，ミズゴケの生育を抑制する。そのため，この流入水は貧栄養な湿原植生の維持には不適当であるが，一方で降水量の少ない時期に一定の量の水を湿原に供給するため，水位の維持の点では貢献している。湿原の保全という観点からは，この流入水の扱いは難しい問題である。

濃度が高いなど，浮島の湿原植生に与える影響はたいへん大きい。とくに，貧栄養でかつ低いpH，低いカルシウムイオン濃度の条件下で維持されているミズゴケ群落に対して攪乱要因となっている。ミズゴケ群落がつくる特殊な環境はほかの湿生植物が生育する環境を提供するため，ミズゴケ群落の衰退は湿原植生全体に影響をおよぼす。

また，この流入水から供給される栄養塩はヨシやマコモなどの水生植物の生育を促進するため，継続的に流入すれば富栄養なfenが拡大してbogが衰退したり，ナガバオモダカやキショウブが繁茂すれば，これまでの遷移とは異なった方向に導く攪乱につながる。これらは外来種であり，駆除が積極的に行われているが，流入水による栄養塩供給が続くかぎりこれらの植物の旺盛な生育条件が維持されるため，もとの群落に戻すことは難しい。一方で，湿原の適正な水位を保つためには，この流入水は効果がある。夏季の降水量が少ない時期にも一定の量の水を供給するため，湿原が渇水状態になるのを防止する。深泥池の保全を考えるうえで流入水の制御はたいへん重要であるが，これを有効に利用するには依然問題が残されている。

8. 水位変動にともなう土壌の物理化学的環境の変動

浮島の表面には，hummockとよばれる高さ30～50 cmの盛り上がった微地形が発達している。このような微地形は浮島に限らず泥炭地の表面には普通にみられるものであり，微地形が発達していることが，湿原の土壌の特異性を生ずる要因の1つであることはすでに述べた。微地形は湿原に限ったものではなく，陸上の森林や草地，また農地などでも普通にみられるが，湿原の場合には微地形と土壌の物理化学的環境が密接に関連している点が特徴である。湿原はほぼ水が飽和の状態にあるので，土壌，とくに根圏への酸素供給は水位の影響を強く受けることになる。すなわち，表面が冠水すれば土壌への酸素の供給速度が低くなり低酸素状態となるのに対し，表面から水が引けば土壌が大気に直接触れて酸素の供給がよくなる。深泥池の場合には，浮島の表面が冠水と渇水を繰り返すため，これにともなう泥炭表面の酸素量の変動は，微地形に対応して著しく異なった傾向を示す。また，ほとんど冠水しない湿原でも，地下水面の深さにより土壌表面の水分環境が大きく異なる（29ページ参照）。もちろん乾燥した土地でも相対的に低い部分は降雨時の水路となり土壌水が比較的多くなるなど，微地形と土壌の物理化学的環境に関連は認められるが，湿原の場合には常時水面が地表面付近にあり，水面の上と下とでは環境が極端に異なる。そのため，微地形に応じた数十cm，あるいは数cmのわずかな凹凸が土壌の物理化学的環境の違いを生じ，これが湿生植物の成長や分布に影響をおよぼしている。このような環境の多様性が，湿地の生物相の多様性をもたらすのである。

湿地の微地形のもう1つの特徴として，微地形と植物には相互関係があり，一次生産によりつくられた有機物の堆積速度の違いによって形成された微地形がまた植物の一次生産速度を制御する。湿原の森林でも植物の根元には土壌の盛り上がりが形成され，また倒木は周辺より盛り上がった微地形を形成し，これに依存して倒木更新が起きる（**図77**）。泥炭湿地林の場合には冠水しない場を提供するという点で，微地形は陸上の森林よりいっそう強く森林の更新に必

図77　倒木更新（インドネシア中央カリマンタン，ラヘイの泥炭湿地林の例）
湿原の表面は冠水することが多く，種子がそこで発芽したり実生が定着するのは困難なことが多い。この写真に示すような倒木があるとそこが周囲より高くなっているため，次世代の個体が定着できる場として重要となる。湿原には倒木をはじめさまざまな微地形が形成され，わずかな標高差ではあるが微地形に対応した土壌の物理化学的環境に著しい違いが認められ，これが湿原植生の多様性に関連している。

要な土壌環境を提供しているといえよう。

9. 湿原の再生複合体理論

湿原の微地形の形成とその維持，更新に関して，かつて「再生複合体理論」という説が提唱されていた[64]。この理論は現在では正しくないとされているが，生物と土壌の相互作用によって微地形が形成・変化する機構を説明しており，湿原植生の維持にもかかわる重要な内容を含んでいるので，これを修正した形で紹介しよう。

湿原（ここでは有機質土壌からなる泥炭地を対象とする）に発達した bog ではこれまで hummock として説明してきた凸地と hollow（ホロー）とよばれる凹地がみられ，これらを組み合わせた単位を「再生複合体」とよぶ。また，北欧の aapa や，日本の尾瀬ヶ原湿原などによく発達している筋状の小凸地は string またはケルミとよばれる（図 78）。hollow が深くなると常時湛水状態となり，やがて池塘となる。hollow から形成された池塘はもともとの hollow の形態を反映しており，円形のものや楕円形，筋状，三日月状のものなどさまざまなものがみられる。

図78　尾瀬ヶ原でみられる盛り上がった筋状のケルミ
よく発達した泥炭地には微地形が発達する。これは，水位の違いが一次生産速度の違いを生ずることによって形成されるもので，地形はしだいに変化する。

hummockでは土壌の表面が冠水することなく適湿な状態に保たれているので，植物の一次生産速度が高く，泥炭の形成速度も高くなる。一方，hollowは冠水状態におかれる時間が長く，根圏が低酸素状態になることが多いので，一次生産速度が低く，泥炭の堆積が進まない。したがって，hummockはhollowに対して比高がしだいに高くなる。しかし，hummockが高くなりすぎると表面が乾燥し，一次生産速度が低下する。やがてhummockは崩壊し，場合によってはhollowと同程度の高さになる。樹木が生育しているhummockでは，乾燥化が進んで樹木が枯死すると，根元の部分が逆にhollowより凹んでしまうことがある。これがさらに進むと，やがてもとのhummockがhollowに，もとのhollowがhummockになり，hummockとhollowが時間の経過とともに順次入れ替わることにより再生複合体が維持され，これが湿原植生全体の維持と泥炭層の発達の機構となっていると説明するのが「再生複合体理論」であった。しかし，hummockからhollowへの変化はけっして一般的ではないという理由で，現在ではこの理論は否定されている。

しかしながら，再生複合体をhollow, hummockの組み合わせではなくhummockの形成・成長と崩壊というサイクルに置き換えれば，再生複合体説で湿原の発達・維持について説明することが可能である。すなわち，hummockは形成・成長とこれに続く崩壊の1巡を単位とし，hollowの中で形成・成長し崩壊することで湿原の微地形が維持される。hummockとギャップでは概念が異なるが，森林のギャップによる更新と類似した機構が，湿原植生についても認められる。

10. 浮島の微地形とミズゴケの生育

浮島では，bogに特有なhummockが発達しているが，凹地の部分はhollowというより一面の平坦な地形となっており，bogの典型的な微地形とはやや構造が異なる。通常は平坦にみえるhollowの中にもわずかな凹凸が認められ，場合によってはわずか1cmの高低差でもそこに生育する植物が異なる。このような微地形は物理的な攪乱によって偶発的に発生するが，そこに生育する植物に違いが生ずるとその地形のその後の変化が大きく左右されることになる。微地形の中での高低差が拡大すると，小さなhummockができ，やがてミズゴケの定着が可能となる。深泥池ではこのような場所に最初に侵入するのはハリミズゴケであるが，どこかに生育していた植物体の一部が切れて浮漂しこのような場所に漂着して定着し，群落が形成されると考えられる（図 79）。実際に浮漂するハリミズゴケは，浮島が沈む時期にかなりの数が認められる。

浮島では hummock の中でハリミズゴケが相対的に低い位置を，オオミズゴケが相対的に高い位置をそれぞれ占めるが，これは両種の乾燥と水環境への適応の違いによるものである。ハリミズゴケはハリミズゴケ節（60, 174 ページ参照）に分類され，この節の植物では，葉緑細胞が葉の背軸面側（大気と接する面）にあるため光の獲得には有利であるが，大気に触れると葉緑細胞が乾燥してしまうので耐乾性は低い。そのため，一般にはハリミズゴケは hollow の水中で生活していることが多い。一方，オオミズゴケはオオミズゴケ節に分類され，この節の葉緑細胞は貯水細胞にすっぽりと覆われる形になっているので，ハリミズゴケより耐乾性が高い。オオミズゴケは，多くの湿地では hummock の下部や低い hummock の中心部に生育している。このように，2 種

図 79　ハリミズゴケが形成する初期の hummock
深泥池の浮島に分布する 2 種のミズゴケのうち，ハリミズゴケはやや盛り上がった場所に定着するとしだいに群落を拡大し，盛り上がりを増してゆく。やがてこの盛り上がりの中にオオミズゴケが生育するようになり，盛り上がりはさらに高くなり，hummock となる。

の微地形上での分布は耐乾性の違いで説明できるが，同時に化学的環境とも関連がある。

これら 2 種の水中での光合成速度を，pH との関連で調べてみると，両種とも酸性環境下で最大光合成速度を示す点は共通しているが，中性から弱塩基性の範囲ではハリミズゴケのほうがオオミズゴケより相対的に高い光合成速度を維持している（図 80）。浮島が沈んで冠水すると pH が相対的に高い池沼の水が浸入する。微地形でも低い場所のほうが高い場所より冠水している時間が長くなるので，pH が高く比較的富栄養な水に暴露される時間も長い。ハリミズゴケはオオミズゴケより pH の高い水に耐性があるため，hummock 内のより低い場所でも生育できる理由の 1 つであると考えられる。hummock の形成の過程で最初にハリミズゴケが定着し，しだいに盛り上がりを形成し，その後オオミズゴケが侵入するのも，このような理由によるものであろう。

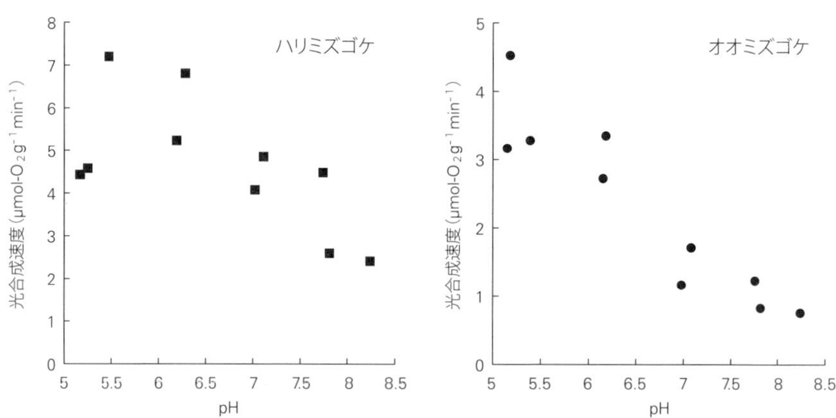

図 80　ハリミズゴケ（■）とオオミズゴケ（●）の光合成速度の pH 依存性
深泥池の浮島に分布する 2 種のミズゴケの総光合成活性の pH 依存性を，水中での光合成速度から調べた。その結果，両種とも酸性域で高い活性を示すことがわかった。これはミズゴケが酸性環境で優占することと関連している。中性域での光合成速度は酸性域とくらべると低くなるが，オオミズゴケのほうがハリミズゴケより低下が著しい。浮島では，ハリミズゴケはオオミズゴケより微地形上の低い位置を占めるため，相対的に pH が高い水の影響を受ける時間が長い。このように，2 種のミズゴケの光合成速度の pH 依存性の違いは，その生育場所の違いに対応していると考えられる。

ミズゴケに限らず，ほかの植物についても同様に水環境への適応度には同一の分類群内でも種により差があり，これが微地形上での分布を決定していると考えられる。浮島が浮上する時期の化学的環境も植物の分布を決定する重要な要因であり，つぎにミツガシワの例を述べる。

11. ミツガシワとその成長

夏季に浮島の浮上によりその表面は池沼の富栄養な水から隔離されるため，貧栄養な状態になる。また表面が大気に直接触れるようになるため，土壌は酸化的な環境になる。土壌そのものは高い含水率を維持しているので，植物の生育には耐乾性を考慮する必要はないであろう。しかし，浮上する時期，とくにその初期には土壌の化学的環境が大きく変化する。微地形によってその変化の程度が異なるので，植物の根圏環境の時間的，空間的な違いを生ずる。そこでまず，浮上する時期の土壌の化学的環境の特徴について述べることにする。

一般に，冠水していた土壌から水が引くと，その表面は酸化的になる。これは水の層がなくなれば，土壌への酸素供給が改善されるからであるが，浮島の場合には渇水が始まった直後に土壌が著しく還元的になるという特異な変化が起こる。これは一時的なものでやがて土壌表面は酸化的になるため，還元的ショックとでもよべるような現象である。浮上して渇水が開始する時期には浮島表面は強い太陽放射の影響でかなり高温になっている。土壌中の温度上昇と酸素供給の改善によって好気性微生物が急速に活性を増し増殖すると，酸素が急速に消費しつくされるため，土壌の表層は還元的な環境となる。このような条件になると，土壌に二価鉄イオン（Fe^{2+}）や硫化水素（H_2S）など還元的な環境で生成する物質が蓄積し，酸化還元電位が低下する。やがて好気性微生物の増殖は定常状態になるが，土壌への酸素供給は継続しているためしだいに還元性の物質が減少し，土壌表面は酸化的になる。この過程は，微生物による酸素消費速度と温度，水位を含む簡単な酸素収支モデルの計算から説明された[65]。

このような酸化還元電位の季節変動に応じて，ここに生育する植物も影響を受ける。その顕著な例がミツガシワである。ミツガシワは浮島内の相対的に低い部分とこれに接する池沼での優占種であり，4 月初旬から中旬にかけて開花

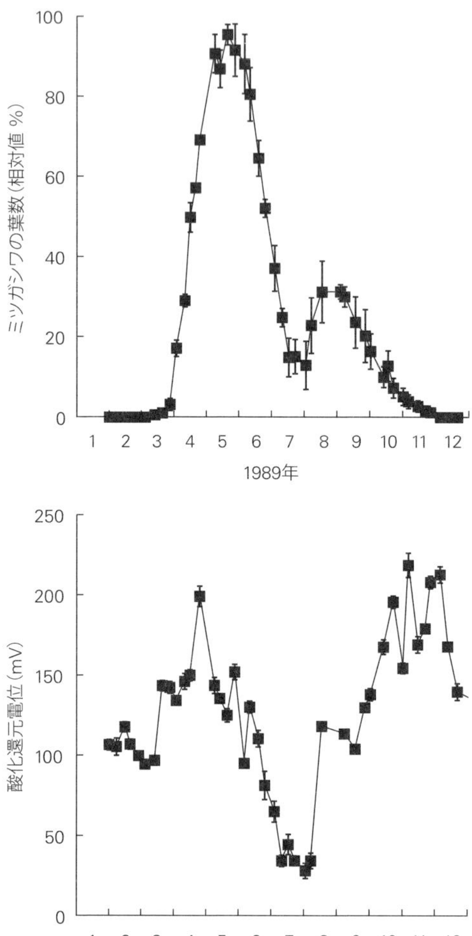

図81　浮島におけるミツガシワの葉数の季節的消長と土壌表面の酸化還元電位の季節変動（Haraguchi[67]より一部改変）
単位面積あたりのミツガシワの葉数の年間最大値を100として，葉数の相対値の季節的消長を示した（上図）。これから，浮島上に生育するミツガシワは，4月に葉を展開し，7月に一時的にほとんど落葉した後にふたたび葉を展開して，11月にまた落葉することがわかる。これを，土壌表面の酸化還元電位の季節変動（下図）と比較すると，ミツガシワの葉数の減少，再展開の時期と酸化還元電位の急激な低下，上昇の時期がそれぞれ対応していることがわかる。

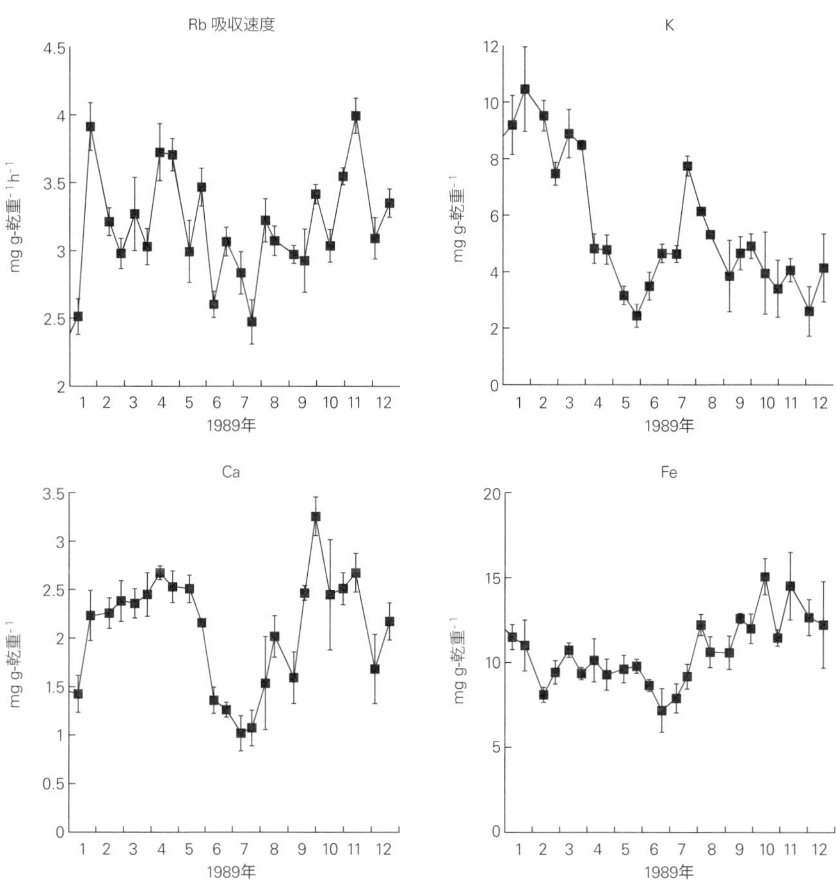

図82　ミツガシワの根の栄養塩吸収速度と根に含まれるカリウム（K），カルシウム（Ca），鉄（Fe）の含有量の季節変動（Haraguchi[65]より一部改変）
ミツガシワの葉数が急速に減少する6月から7月に，根の栄養塩吸収速度（ルビジウム（Rb）の吸収速度で評価）は比較的低い値を示した。この時期は，土壌表面の酸化還元電位が急速に低下する時期と一致している。また，この時期の前後に，根のカリウム，カルシウム，鉄などの量が低下する傾向が認められた。

した後，葉を展開し，その枚数を増やす。この葉が7月から8月に一時消失（落葉）し，ふたたび9月に展開するという季節的な消長を示す[66]。このような夏季の一時的な落葉は栄養塩の欠乏などの理由も考えられるが，深泥池での調査結果から，泥炭の酸化還元電位が一時的に低下する時期，すなわち渇水が始まる時期と一致することがわかった[67]（**図 81**）。図に示すとおり，単位面積あたりのミツガシワの葉数は 5 月下旬をピークに急に減少するが，この時期はちょうど土壌表面の酸化還元電位が低下する時期に一致している。さらに，ミツガシワの葉数は 8 月初旬より増加するが，この時期もまた酸化還元電位が上昇を始める時期と一致している。また，わずかではあるが根の栄養塩吸収速度が 5 月下旬から 7 月下旬にかけてほかの時期より有意に低い値を示している（**図 82**）。ここでは，根だけ切り取って栄養塩吸収速度を測定しているため，栄養塩のシンクとなる地上部（葉）の存否による直接的な影響を除外して考えることができる。したがって，ミツガシワの落葉は根の栄養塩吸収速度の低下が原因であろう。事実，根のカルシウム，カリウム，鉄などは，この時期に低い値をとる（**図 82**）。以上のデータを総合すると，還元的な土壌の化学的環境がミツガシワの根の生理機能を低下させて一時的な落葉を引き起こすといえよう。

還元的な化学的環境にある根圏では，酸素の供給速度が低く，根が酸素欠乏の状態になりやすい。ヨシのように通気組織をもっていれば根への酸素供給ができるため低酸素状態でも影響は小さいが，通気組織をもたない植物が低酸素環境下で生育するのは困難である。還元的な環境では根への酸素の供給速度が低下するだけでなく，硫化水素，二価鉄イオン，マンガンイオン（Mn^{2+}）などの有害物質が生成されるため，これによって根の活性が低下する。ミツガシワは低酸素環境には十分適応しているので，落葉の原因としてはこのような物質による直接的な根への影響が考えられる。有害物質は根の機能に直接的に作用するので，還元的な環境は水環境に適応した水生植物にとっても過酷であるといえよう。

12. 微地形上の酸化・還元状態と植物の分布

先に，浮島の土壌表面の酸化還元電位は浮沈運動に応じた季節変動を示し，とくに浮上する時期の開始直後に，一時的ではあるが著しく還元的になる特徴があることを述べたが，その後水位が低下して酸化的になる時期には，微地形によって土壌の化学的環境の違いがたいへん顕著にみられるようになる。すなわち，標高が相対的に高い位置では酸化還元電位が高い値を示すのに対し，相

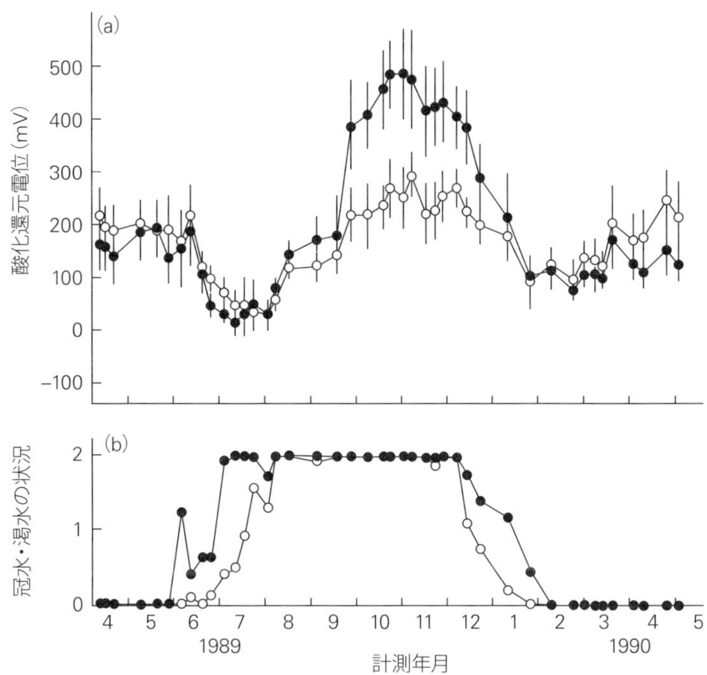

図83　浮島における土壌表面の酸化還元電位の季節変動，および冠水・渇水の状況 (Haraguchi[68] より一部改変)
浮島上で，わずかに標高が異なる2つの微地形における冠水と渇水の状況を，渇水状態：2，部分的な冠水状態：1，冠水状態：0，の数値で評価し (下図)，これと酸化還元電位の季節変動 (上図) との関係を示した。これら2つの場所は，5月から6月に渇水しはじめるが，その時期が1～2週間異なる。両地点ともに渇水しはじめた時期の前後に酸化還元電位が一時的に低下した後に上昇し，9月から10月に最高値を示した。これら2つの場所の違いは，秋季の酸化還元電位の差として認められ，この時期の土壌表面には微地形に対応した酸化還元電位の傾度が形成される。

対的に低い位置では相対的に低い値を示す (図83)[68]。図83には，標高がわずかに異なる2つの場所で測定された土壌表面の酸化還元電位の季節変動をその冠水・渇水の状態との比較で示した。正確な標高差を求めることは難しいが，わずか2～3 cmの違いしかない2つの場所で比較して，土壌表面から水が引いて大気と直接触れるようになるのに1～2週間のずれがある。酸化還元電位は，水深が浅くなり部分的に渇水しはじめる5月下旬から低下し，7月に最低値を示す。ここまでは標高差が異なる2地点間でほとんど差が認められないが，酸化還元電位の上昇が開始する8月と，最大値を示す9月から10月に両者の差が顕著に現れる。すなわち，わずかに標高が高く，渇水の開始が早い場所では，この時期の酸化還元電位が著しく高くなる。つまり，表面観で一見平坦に見える場所でも，浮上する時期には著しい酸化還元電位の傾度が生ずるのである。先にミツガシワについて述べたように，根をとりまく土壌の酸化還元

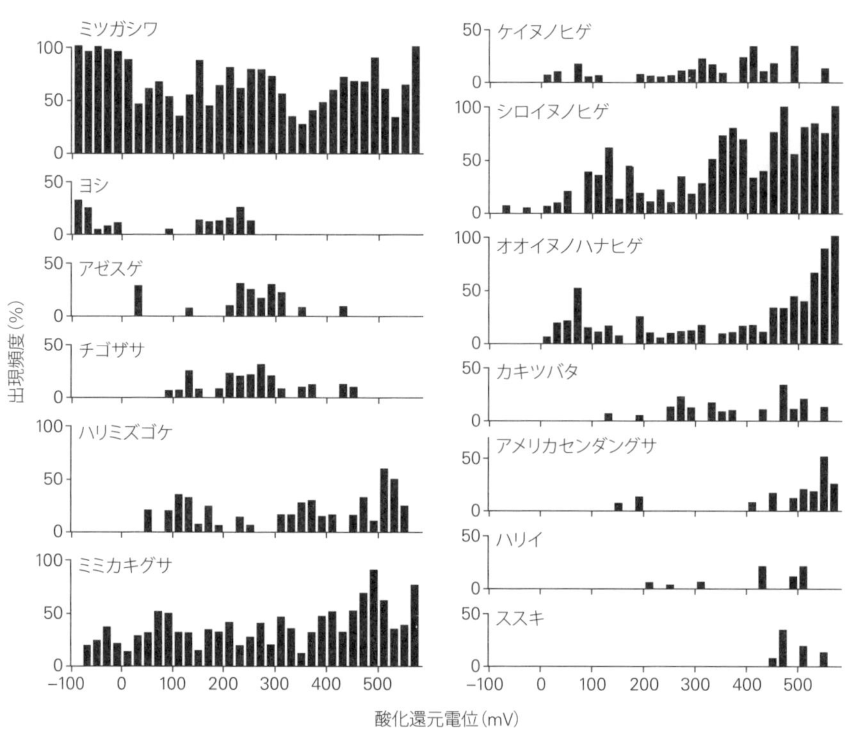

図84　浮島で秋季（9月から11月）に測定された酸化還元電位と植物の出現頻度（Haraguchi[69]より一部改変）
浮島上の267地点で秋季の酸化還元電位と，測定点の近傍（半径40 cm以内）に生育する植物を調べ，各地点を酸化還元電位を階級（20 mVごと）に分け，それぞれの階級における種の出現頻度を示した。

状態は，根への酸素の供給速度に影響をおよぼすほか，還元的な土壌中で生成されるさまざまな有害物質の蓄積によって根にダメージを与える。湿生植物でも還元的な環境に対する耐性の程度は種によってさまざまであり，これを生理的に比較することは難しいが，浮島において土壌の酸化還元状態と植物の分布の関係からみると，比較的明瞭な種特性が認められた[69,70]。

土壌の酸化還元状態は季節変動を示すため，ここでは微地形によりもっとも顕著な差異を示す秋季の値と植物の分布を考える（**図 84**）。先にも述べたように，渇水しはじめた直後の一時的な還元化に引き続いて土壌表面が酸化的になる秋季には，微地形に応じた明瞭な酸化還元電位の差が生ずる。この時期に，それぞれの調査地点の酸化還元電位と種の出現頻度を調べると，種により分布域が異なることがわかる。それぞれの植物が出現する場所の酸化還元電位は，ミツガシワのように広範囲の値のもの，ハリミズゴケ，ミミカキグサ，シロイヌノヒゲ，オオイヌノハナヒゲのように広範囲ではあるが，酸化的な値にその

図85　浮島上の微地形でみられる植生の違い
写真の下部から中央部に向かって数cm程度の高さの差がある微地形がみられるが，相対的に低い部分ではミツガシワが，相対的に高い部分ではオオイヌノハナヒゲが優占している。オオイヌノハナヒゲの株の周辺にはhummockやケルミなどの微地形よりさらに微細な凹凸があり，これらが湿原の土壌の化学環境と関連をもち，さらに種の分布を決定する要因になっていると考えられる。

中心があるもの，アゼスゲ，チゴザサのように中程度の値のもの，アメリカセンダングサ，ハリイ，ススキのように酸化的な値に限られるものなどがあり，種により特異性があるようにみえる。もちろん，このような種の分布は単に酸化還元電位の値のみではなく，他種との種間関係も含めて決定されるものであるが，微地形と植物の関係を考えるうえで不可欠な要素ではないかと考える。

ここでとくに注目すべき点は，植生に違いをうむほどの酸化還元状態の差が，ほんのわずか数 cm の違いの微地形から生ずるという点である（図85）。常時大気と接している陸地の土壌や，逆に常時冠水している水中の堆積物とは異なり，水位が変動する湿原の土壌では，冠水しているか否かの時間的・空間的な変化とともに酸化還元状態が大きく変動する。そしてこれが種の分布に強い影響を与え，さらには湿原に生活する生物群集が多様化する要因となる。とくに深泥池の浮島のように冠水しているか否かの季節変動が明瞭な湿原の場合にはこのような性質が顕著に現れ，独特な生物多様性を育んでいる。

13. 都市型湿原の問題

深泥池はさまざまな特殊性を有しているが，このような湿原が大都市のほとんど中心部に存在していることは保全を考えるうえで重要な観点である。都市域にあるため，大気汚染や生活排水による水質の変化，外来種の侵入，利水による水位の変動，釣りなどのレジャーによる物理的攪乱，都市域のヒートアイランド現象による気温の変化など，さまざまな人為的攪乱の影響が湿原におよぶ。このなかで，水質の変化や外来種の侵入に関してはすでに述べたが，保全の観点からこれらの問題について再度考えてみたい。

生態系にはさまざまな経路で物質が流入するので，仮に深泥池に流入する生活排水などを完全に止めたとしても，大気降下物として負荷される物質の影響は残る。とくに都市域では車の排気ガスや道路から舞い上がる粉じんは無視できない。池の西から北の岸には道路があり，これが拡張された。もちろん，道路を整備すれば交通量が増加するだけではなく，工事の際には土砂が流入したり，集水域そのものが攪乱されて湿原の水理環境が変化するかもしれない。しかし一方で，道路の整備は，人間生活において生産性や利便性の向上のために不可欠な面もある。道路の整備にともなう問題は都市型の湿原に限ったことではなく，北海道東部の霧多布湿原や北部の苫頓別湿原も直面している。霧多布湿原の場合（43 ページ参照）には，中央を貫く道路の下を水が通過できるような構造にすることで水理環境の面からは影響が最小限にとどめられるようになっているが，道路から流出する物質の影響でこの近傍は部分的に酸性で貧栄養な状態が維持できなくなっている。このような場所が拡大すれば，湿原の生物群集に不可逆的な変化をもたらす。また，苫頓別湿原の近くにも道路が敷設されつつあるが，直接湿原上を通過する道路ではないものの，水環境に影響をおよぼすことが懸念される位置にある。しかし，いずれの場合でも人間生活の利便性の向上という面があり，とくに北海道の各地方においてはその要求は高く，開発か保全かの問題が常に発生する。

もちろん，湿原が貴重な生物の生息地として，また長い歴史の中で維持されてきた生態系であるという点も重要であるが，いま湿原がその場所に存在すること自体が重要である。そして，それが微妙な水量と水質のバランスで維持されているということを強く認識する必要がある。

もう１つ，都市型の湿原が直面する問題として，外来種の侵入がある。流入水による栄養塩負荷によってナガバオモダカの生育が旺盛になるように，ほかにもアメリカセンダングサ，メリケンカルカヤ，キショウブ，アメリカミズユキノシタ，セイタカアワダチソウなど富栄養な環境を好む多種の外来種が湿原内に侵入しており，在来の湿生植物の生育があやぶまれている。たとえば，同属の在来種カキツバタと競争関係にあるキショウブは他種が侵入できないほど密な群落を形成し，次第に純群落となり拡大していく。在来のカキツバタはあまり密な群落にはならないので他種を排除することはなく，多様性の高い生物群集が維持される。キショウブも密な群落を形成する特性は有するものの，本来の生育地では他種を排除することはないので，外来種が在来種を撹乱する原因は同じような生態的地位にある他種との競争で優位に立つなど，その生態系の中で協調的な関係を保てないところにある。このような理由で，生態系を撹乱する恐れのある外来種は湿原の保全のためには排除すべきものであるが，一度侵入すると完全に除去するのはたいへん難しい。深泥池では植物以外にも，オオクチバス，ブルーギル，ライギョ（またはカムルチー）などの動物でも生態系を撹乱する恐れのある外来種が確認されており，その駆除が急がれる。

4-4　湧水湿原

1．広谷湿原

山麓の斜面の傾斜が急に緩やかになる場所（遷緩点）や，その付近の緩やかな傾斜地には，地下から湧き出た湧水が溜まる場所や，土砂の表面にしみ出た浸出水によって潤される場所がしばしばみられ，このような地下水由来の水の供給を常時受ける場所には湿生植物群落が発達することがある。このような湿地は湧水湿地とよばれ，泥炭や堆積腐植層を伴わない，一般に小規模な，場合によっては数㎡程度のきわめて小面積の湿生植物群落が認められる。湧水湿地には，湿生の希少種が生育する場合が多く，たとえば，西南日本の暖温帯では生育地が限られているミズゴケ類が生育する湧水湿地がいくつか確認されている。ミズゴケ類が生育する湧水湿地は，花崗岩ないしは花崗閃緑岩の上に発達していることが多く，化学的に安定で化学的風化を受けにくい石英を多く含み，砂質の立地を形成することが，貧栄養環境を好むミズゴケ類の生育を可能にしていると考えられる。

広谷湿原は北部九州にある比較的広い湧水湿地で，広大なカルスト台地がみられる平尾台に隣接して立地している。平尾台一帯は毎年野焼きが行われており，また広谷湿原周辺はかつて水田として利用されていたことから，広谷湿原は古くから人間活動の影響を強く受けてきた湿原であると言えよう。広谷湿原は，湧水が流れる水路の下流部の平坦ないしは緩傾斜地に発達した，現状通路で分断された 2,000㎡ 程度の広さの湿原と，その周辺の浸出水によって潤される多数の小規模な湿生植物群落からなる湿地群を構成している。湿原は，石灰岩地帯と接する花崗閃緑岩の上に成立しており，涵養水も花崗閃緑岩地帯から供給されている。

広谷湿原内部，および水源，流去水の水質を，年間を通じて調べた結果を**表 7**

表7　広谷湿原および湿原の涵養水の水質
湿原の涵養水となっている水源（2020年10月の計測値），および湿原内のオオミズゴケ群落内2地点と湿原内を流れる水路（2020年1月から2021年6月の計測値の平均）における水質の計測値からpH，電気伝導度，硫酸イオン濃度，カルシウムイオン濃度の計測値を示す。

地点	pH	電気伝導度 (mS/m)	硫酸イオン (mg/L)	カルシウムイオン (mg/L)
水源	6.25	5.12	3.22	1.85
湿原上部	5.86	3.51	5.47	2.39
湿原下部	5.86	3.62	5.22	2.15
水路	6.23	4.76	3.95	3.93

に示したが，ここに示した数値を，本書に示した浅茅野湿原（**図67**），タデ原湿原（**図53**，**図62**）と比較すると，カルシウムイオン濃度が低いなど，貧栄養な水質になっていることがわかる。広谷湿原は，周囲をカルスト台地が取り巻いているため，石灰岩からの溶出によるカルシウムイオンが水質に影響している可能性が考えられる。しかしながら，**表7**に示した結果からは，石灰岩からのカルシウムイオンの流入はほとんどないと考えられる。広谷湿原には，降水のほか，湿原上部の湧水が流入しており，この湧水と湿原内の水の水質が類似していることから，湧水が主要な涵養水となっていることがわかる。この湧水は花崗閃緑岩の分布する地域から湧き出る水であり，貧栄養な水質であると言える。湿原の周辺には広く石灰岩が分布しているが，ここからの水は湿原内には流入せず，地形的には湿原の集水域となっている石灰岩地域からの流去水は，湿原手前で湿原内に流入する水路とは別の水路に流れ込み，湿原には直接流入しないことが，湿原に影響する表面流去水の水質分析から示された。従って，湿原に流入する水は花崗閃緑岩の分布する地域からの貧栄養な湧水だけで，ミズゴケ類の生育を阻害するカルシウムイオンがほとんど含まれていない。同様な水質の浸出水がしみ出る場所には，湿原内と同様にオオミズゴケが生育し，小規模な湧水湿地が周囲に点在している。

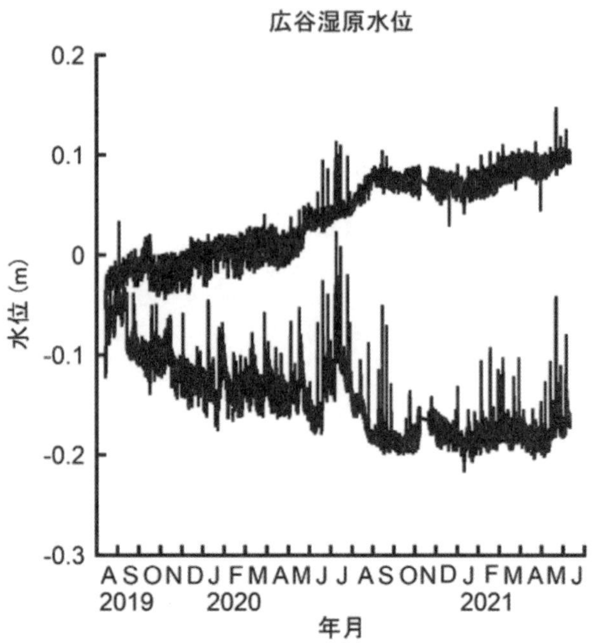

図86　広谷湿原内の２地点における水位の変動
湿原内のオオミズゴケ群落内に設置した水位計測用パイプの中の水位を，自記水位計で計測した値を示す。

広谷湿原の維持にとって，湿原に流入する湧水の水量が豊富で，流量が安定しているということが，もう一つの重要な点である。湿原内で年間を通じて計測した水位の変動を**図86**に示したが，降水による水位上昇は認められるが，水位が大きく低下する時期は見られない。一般に降水涵養性の湿原では，降水量に応じて水位が大きく変動し，降水量が少ない季節，広谷湿原が分布する地域では初夏と秋季から冬季は通常水位が年平均値から 30 ～ 50cm 低下し，湿原表面がかなり乾燥する。しかし，広谷湿原では，年次変化は記録されているものの，水位の年間変動幅が 10cm 以下であり，極めて安定した水位が維持されている。湿原の周囲に見られる浸出水に涵養された群落も，浸出水の水量が安定していて，常に地表面が湿っている状態にあるため，湿生植物群落が維持されていると考えられ，このような湧水湿地の維持にためには安定した涵養水の供給が必須である。

2．小規模な湧水湿地のミズゴケ群落

北部九州から中国地方にかけて，広谷湿原よりずっと小規模であるが，ミズゴケ類をともなう湧水湿地が花崗岩地帯を中心にいくつか分布している。これまでに筆者が確認した湿地を紹介したい。いずれも小面積ではあるがオオミズゴケ群落が確認された。

表8には，北部九州から山口県で見られた湧水湿地の中で，ミズゴケ群落が認められた湿地に流れ込む湧水の水質を示した。いずれの項目も，広谷湿原の

表8　ミズゴケ群落が見られる湧水湿地の水質
霜降岳，本由良，検畑，厚東（以上山口県），小石原（福岡県），貝津（長崎県）で確認された，オオミズゴケ群落が見られる小規模な湧水湿地の涵養水の水質の計測値から，pH，電気伝導度，硫酸イオン濃度，カルシウムイオン濃度の計測値を示す。採水は2022年6月3日から8月25日に行った。

地点	地質	pH	電気伝導度 (mS/m)	硫酸イオン (mg/L)	カルシウムイオン (mg/L)
霜降岳	花崗岩	6.91	7.43	7.42	1.97
本由良	花崗岩	5.96	5.67	4.76	2.01
検畑（うつぎはた）	花崗岩	7.50	4.22	3.17	1.69
厚東（ことう）	花崗岩	7.40	4.59	4.62	0.78
小石原	泥質片岩	6.01	4.10	3.39	2.62
貝津	砂岩・泥岩	7.13	2.96	4.03	0.59

水源の計測値と近い値を示しており，貧栄養な水で涵養されていることがわかる。水量についての計測値はないが，いずれも安定に供給されていると考えられる。このうち，霜降岳にある湿地では，湧水がいったん砂防ダムに流入し，ここから湿原に供給されているが，湧水そのものが渓流を形成する程度に多いため，砂防ダムを介しても安定に湿原に流入しているものと思われる。また，本

由良にある湧水湿地は工業団地のすぐ傍にあり，人の活動の影響を受けやすい場所に位置している。このような場所では，貧栄養な涵養水が常時供給される必要があり，水源を含めた湿地の集水域全体を一つの湿地の単位とみることが重要であると考える。

ミズゴケ群落の中は，酸性で貧栄養な特殊な環境となっているために，広谷湿原で見られるようなトキソウやサギスゲなどの希少種が生育する環境を提供する。小規模ではあっても，このようなミズゴケ群落を保全してゆくことは，多くの希少種の保全につながる。とくにミズゴケ群落が稀である暖温帯域では，保全の意義が大きいと思われる。また，ミズゴケ類が生育しない湿地であっても，湧水湿地には希少種が見られることがあり，たとえば大分県の山国川中流域には，河川敷ではあるものの河川水の代わりに周辺からの湧水で潤される小規模な湿地の中にミミカキグサが生育するなど，希少種の保全にとって重要な小規模湿地が見られ，小規模であるがために失われる危険性が高いこのような湿地にもっと目を向ける必要があろう。

第5章
Chapter 5

湿原の生物と生理生態的特性

5-1 ミズゴケ

1. ミズゴケの分布

これまで本書でもとりあげてきたが，貧栄養な湿原，とくにbogにおける優占種で泥炭を形成する植物として重要なミズゴケとは，1綱1目1科1属のミズゴケ科，ミズゴケ属（*Sphagnum*）に属する蘚類の総称で，世界で150～200種，日本国内で約40種が確認されている。ミズゴケの分類はまだ完成しておらず種数などは今後変動しうるが，ミズゴケは独特な形態をもっているため，ほかの蘚類とは容易に区別することができる。その一方で種の同定はかなり困難であり，葉を構成する細胞の配列などが種の分類における重要な形質となっている。ミズゴケ属は通常9つの節（section）に分類されるが，この節はミズゴケの生態特性を理解するうえでたいへん都合のよい分類単位である。種の耐乾性と対応しているので，湿原のなかでミズゴケの分布を節の単位で議論することが可能である。

ミズゴケは，乾燥地域と氷河を除く世界中の陸地のほぼ全域に生育しているが，寒冷な冷温帯から亜寒帯の高緯度地域，すなわち周極域が分布の中心である。低緯度地域でも高山のやや寒冷な雲霧域にみられるが，低地の高温な地域にも若干分布することが知られている。筆者らもインドネシアのカリマンタン島にある熱帯雨林の中でミズゴケ群落を確認している。ただ，このような高温な気候帯に生育するものは泥炭を形成せず，流水の中で生活するタイプのミズゴケである（**図87**）。ここで確認されたミズゴケは，ハリミズゴケ（*Sphagnum cuspidatum* Ehrh. ex Hoffm.）の変種で *S. cuspidatum* var. *flaccidifolium*（Johnson）Eddyと同定された[71]。ハリミズゴケはハリミズゴケ節（Section Cuspidata）に属

図87　インドネシア中央カリマンタン，ラヘイ付近で確認されたハリミズゴケ（変種）の生育地
ミズゴケの分布は冷温帯から亜寒帯にかけての寒冷な気候帯に中心があるが，高温な気候帯の低地にも一部の種の生育が認められる。ハリミズゴケの変種である *Sphagnum cuspidatum* var. *flaccidifolium* は熱帯泥炭地の流水中でしばしば確認される。

し，湿原の池塘または地下水位の高い凹地によくみられる種である。水中に生育していることが多く，植物体は繊細で，長くて鎌状に軽く反った枝葉が特徴的であるが，生育環境によって形態にはかなり変異がある。北半球の温帯，亜寒帯の湿原を中心に広く分布するが，南米，東アフリカ，東アジアの熱帯地域でも確認されている。日本でも北海道から九州まで分布している。

2. ミズゴケの光合成

ミズゴケの生態的特性に関しては，耐乾性や，泥炭形成植物として大気中の炭素を固定する機能の観点から研究が進められているが[72]，北方の泥炭地の主要な構成植物であるにもかかわらず，生理生態的な研究はまだ十分ではないのが現状である。筆者らはミズゴケの炭酸固定機能について研究を進めており（第4章4－3，深泥池の項参照），このなかから光合成速度と温度，pH の関連

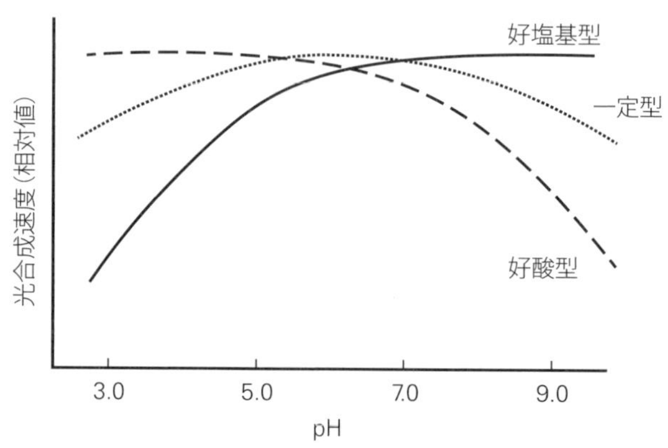

図88 ミズゴケの光合成速度のpH依存性(Haraguchi[73]より改変)
pHが3.0～9.0の範囲で，酸性域で光合成速度が低下する型(好塩基型)，塩基性域で光合成速度が低下する型(好酸型)，光合成速度がほぼ一定である型(一定型)の3型に分類した。オオミズゴケ，サンカクミズゴケ，ウロコミズゴケなどは好酸型，ムラサキミズゴケ，チャミズゴケなどは好塩基型，ハリミズゴケ，ホソバミズゴケ，スギバミズゴケなどは一定型に分類された。

を種ごと生育地ごとに調べたものを紹介する。

ミズゴケの成長量を決める要因として，生育地の水質，なかでもpHが重要であることが知られている。本書でも深泥池に生育する2種のミズゴケの光合成速度にはpH依存性があり，植物体に直接影響をおよぼす水の水質と対応することを示した(158ページ参照)。**図88**に，新潟県にある升潟(新発田市)とジュンサイ池(阿賀野市笹神)からそれぞれハリミズゴケ，オオミズゴケ，北海道落石周辺の湿原からサンカクミズゴケ，ウロコミズゴケ，ムラサキミズゴケ，チャミズゴケ，ホソバミズゴケ，スギバミズゴケを採集し，光合成速度(ここでは総光合成速度について測定した)のpH依存性を調べた結果を模式的に示す[29, 30, 73]。光合成速度の測定は，水中での酸素発生速度と大気中での二酸化炭素吸収速度の2種の異なった方法を用いて行ったが，測定方法による結果に多少の違いがみられた。たとえば，酸素発生速度で測定する場合のほうが，二酸化炭素吸収速度での測定と比較して通常数倍の高い値を示す。ミズゴケは植物体中に水を大量に含んでいるため，短時間の測定ではこの水に溶解した二酸化炭素を用いて光合成を行い，大気から直接吸収される二酸化炭素量が低く見積もられることがおもな原因であろう。さらに現場での測定になると，土壌（泥炭）から発生する高濃度の二酸化炭素が植物体中の水に溶解しているため，この傾向が強くなる。したがって，ミズゴケのような水陸の境界に生育する蘚類の光合成速度を正しく測定することはたいへん難しいが，ここではpHや温度の変化に対する相対的な応答の違いとして評価した。

オオミズゴケとハリミズゴケの光合成速度のpH依存性は，升潟，ジュンサイ池に産する個体群間で共通しており，オオミズゴケは塩基性域で光合成速度が低くなる好酸型，ハリミズゴケはどのpHでも一定の光合成速度をもつ一定型に分類される。この傾向は，深泥池産のもの（158ページ）とも一致する。落石地方のものでは，サンカクミズゴケ，ウロコミズゴケが好酸型，ムラサキミズゴケ，チャミズゴケが酸性域で光合成速度が低くなる好塩基型，ホソバミズゴケ，スギバミズゴケが一定型を示した。ただし，pHの範囲が3.0から10.0の

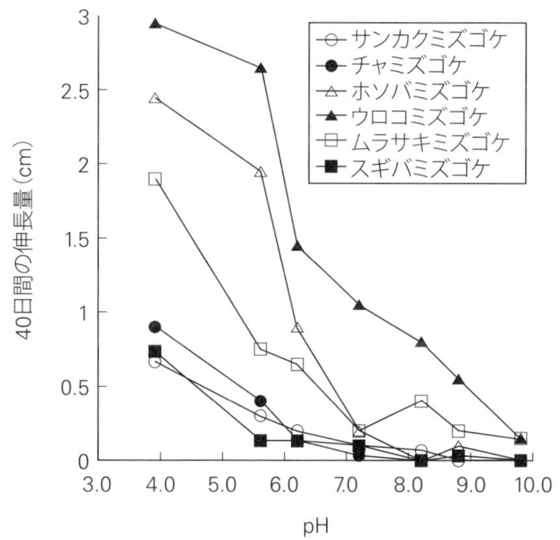

図89　ミズゴケの伸長量のpH依存性
北海道落石地方に産する6種のミズゴケの成長点を含む枝の先端部分（capitula）を，pHを4.0から10.0の範囲で調整した緩衝液に浸した状態で40日間培養した際の伸長量を示す。

間では，極端な光合成速度の違いはみられないと考えるのが妥当であろう。これに対し，ミズゴケの植物体の伸長量は明瞭な pH 依存性を示す（図 89）。落石地方産の 6 種について 40 日間の伸長量をみると，すべての種が酸性域で良好な伸長を示し，6.0 を超えると極端に低下して，7.0 以上ではほとんど伸長しなくなる[30)]。ただ，ウロコミズゴケだけは例外で，pH が 9.0 付近でも伸長が認められる。このことは，本種が石灰岩地域にも分布する事実と一致しており[28)]，塩基性の土壌に耐性をもつことがわかる。光合成速度の pH 依存性に戻ると，pH が 8.0 において総光合成速度の最適光合成速度に対する割合は多くの種で 50 ～ 70％程度で，塩基性域でも比較的高い活性を維持しているが，伸長量でみると塩基性域では抑制されている。このように，短時間の測定で得られる光合成速度と，長時間の測定で得られる成長速度との間には，あまり明瞭な関連がみられない。すなわち，環境の pH が中性付近まで上昇しても，ミズゴケの光

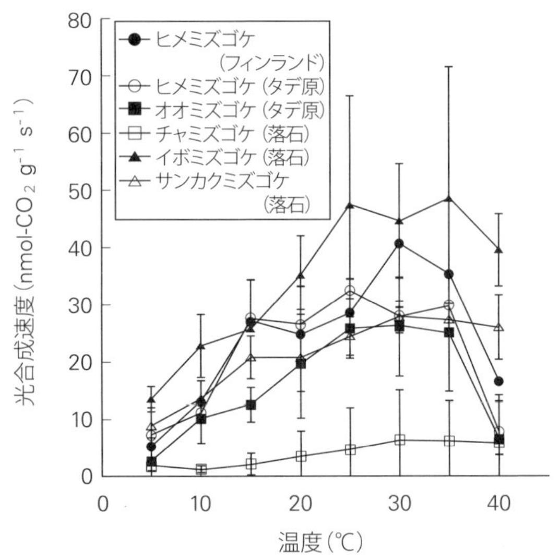

図 90　ミズゴケの光合成速度の温度依存性
大分県にあるタデ原湿原産のヒメミズゴケ，オオミズゴケ，北海道の落石周辺の湿原産のチャミズゴケ，イボミズゴケ，サンカクミズゴケの総光合成速度の温度依存性を示す。比較として，フィンランド産のヒメミズゴケの測定結果も示す。

合成速度はすぐには影響を受けないが，長時間この条件におかれると，やがてその影響が成長速度の低下として現れるといえよう。

つぎに，ミズゴケの光合成速度の温度依存性についての研究を紹介する。ここでは，九重火山群内のタデ原湿原に産するヒメミズゴケとオオミズゴケ，落石周辺の湿原に産するチャミズゴケ，イボミズゴケ，サンカクミズゴケで比較を行った（**図 90**）。その結果，すべての種について至適温度は 25 ～ 35℃であり，寒冷域に分布の中心があるわりに高い値であった。さらに顕著な違いは，タデ原湿原産の 2 種は 40℃の高温下では光合成速度が極端に低くなるのに対し，落石地方産の 3 種は共通して 40℃でもほぼ至適条件と同程度の光合成速度を維持していた。比較のため，フィンランド産のヒメミズゴケの測定結果を示したが，これはタデ原湿原産のヒメミズゴケの結果とほぼ同じ傾向を示した。以上の結果から，寒冷域に生育する種であっても低温条件下ではなく，40℃程度の高温条件下で高い光合成速度を示すことがわかった。光合成速度の温度依存性は種特異的であると考えられるが，これについてはさらにデータの蓄積が必要である。近年，スナゴケなどの乾燥に強い蘚類が屋上や壁面の緑化に利用されているが，ミズゴケも水条件さえ制御すれば同じように使える材料になるといえよう。ミズゴケは泥炭を形成するため，屋上緑化に使用できれば効率よく大気中の二酸化炭素を固定することも可能である。

5–2　ヨシ

1．塩湿地のヨシ群落

ミズゴケが貧栄養な湿原の代表的な構成植物であるのに対し，イネ科の多年草であるヨシ（*Phragmites australis* (Cav.) Trin. ex Steud.）は富栄養な湿原の指標となる種である。ヨシは耐塩性が高く[17]，海水に冠水する塩湿地に生育する一方，乾燥した塩基性の土壌でも生育が可能である。また，二酸化イオウなどのイオウ化合物にも耐性をもち，火山活動や海水の影響を受けて，イオウ濃度が高く還元的な土壌にも適応している[74]。本節では，ヨシがもつさまざまな特性のなかから耐塩性に関して，筑後川河口域の湿地において筆者らが行った研究例を報告する。

筑後川は有明海の北部にそそぐ河川で，河口から 24.5 km 地点にある筑後大堰より下流には淡水，汽水，塩水域の湿地がみられる。これらの湿地の優占種はヨシで，さらに海水の影響を受ける湿地（以下，塩湿地）にはカヤツリグサ科のイセウキヤガラ群落もみられる。感潮域は潮の干満にともない水質の変化が顕著であるが，河口から 16 km の地点でも満潮時最大 0.05％の塩分を示し，海水の遡上が認められるため，河川水の塩分の傾度に沿って 3 地点を選定し，ヨシの生態的特性について調査を行った。調査地点の環境的な要因とヨシの形態・生理的な変異を比較すると，河口から約 13 km 地点の汽水域で，群落高（稈の長さ），稈密度，根元稈径，地上部バイオマス密度とも最大値を示した（**表 9**）。また，種子生産数では淡水域のものが最大であったが，種子 100 粒重では汽水域のものが最大値を示した。この結果から，調査した 3 地点のなかでは汽水域のヨシがもっとも生産性が高い群落であるといえよう。

2. 汽水域でのヨシ群落とリンの関係

汽水域の水質で特徴的なのは，リンの濃度が相対的に高くなる点である。潮位による水質の変動が大きく平均的な水質を評価することは難しいが，大潮と小潮の満潮時に各地点で測定した河川表層水の溶存態の全リン濃度が汽水域（河口から 13 km 付近）で最大値を示し，同時に全リンと全窒素の比（TP/TN 比）が最大となった（**図 91**）。これは汽水域では制限要素としてのリンの充足率が相対的に高いことを示している。

汽水域ではヨシ群落の地下部が嫌気的な環境になると無機態リンが溶け出すことが知られている。汽水域での河川水中の全リン濃度の相対的な上昇は，ヨシが生育する土壌から溶出した無機態リンが栄養塩として植物プランクトンに利用されたことによると考えられる。堆積物間隙水中のリン酸イオン濃度と酸化還元電位との関連をみると，ヨシ群落内では深さ 20 cm より深い層で還元的になるのに対応してリン酸イオン濃度が高くなっている（**図 92**）。ヨシ群落内の土壌は，ヨシの落葉などがもとになって供給された有機物が好気的に分解されるため酸素が消費されて還元的になりやすい。このような還元的な土壌中で

表9　筑後川河口域から淡水域までのヨシ群落における調査地の環境特性とヨシの生態的特性の変化

調査地	河口域*				汽水域	淡水域
	1	2	3	4		
河口からの距離（km）	0.00**				12.92	16.40
平均塩分（%）	1.753**				0.105	0.025
最大塩分（%）	2.50**				0.40	0.05
大潮時の平均塩分（%）	2.19**				0.13	0.05
河道からの距離（m）	0	8	18	21	0	0
大潮時の冠水時間（分 / 日）	452.0 ± 97.9	257.4 ± 54.0	0	0	－	－
稈密度（本 /m^2）	51.3	91.3	18.0	9.3	60	34
地上部バイオマス密度（乾重 kg/m^2）	0.410	1.096	0.288	0.316	12.012	4.624
種子生産数（個 /m^2）	0	8141	1307	7136	20905	57186
種子重（mg-100 粒重）	19.3 ± 1.2***				25.6 ± 6.6	11.0 ± 3.7
稈の長さ（m）	0.94 ± 0.20	1.24 ± 0.11	0.87 ± 0.11	1.70 ± 0.22	2.95 ± 0.66	1.87 ± 0.69
根元稈径（mm）	4.4 ± 0.8	4.8 ± 0.6	5.2 ± 0.5	6.5 ± 1.0	12.4 ± 1.8	10.2 ± 1.3
土壌塩分 0 ～ 10 cm（%）	0.440	0.099	0.045	0.033	0.027	0.007
土壌塩分 30 ～ 40 cm（%）	0.404	0.300	0.078	0.078	0.045	0.014

*　河口の調査地では，河道に対して垂直方向に 4 つの調査区（1 × 1 m^2）を設けた。
**　河口の調査地の環境に関する計測値は，もっとも河川中央に近い調査区 1 における値を示した。
***　河口の調査地における種子重は，種子が得られた調査区 2，3，4 の平均値を示した

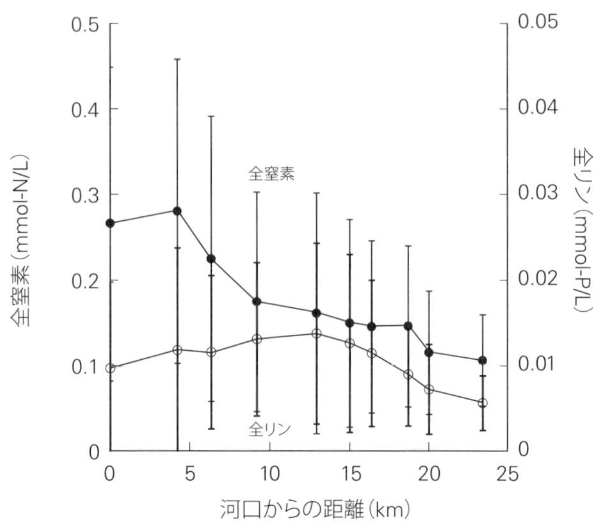

図91　筑後川河口から筑後大堰（24.5 km）までの河川表層水の全窒素および全リン濃度
測定は，2006年6月および7月の，大潮および小潮の満潮時に行った。

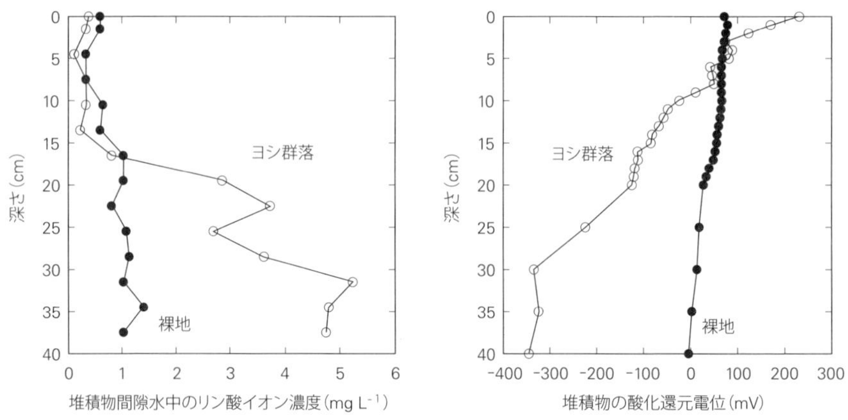

図92　筑後川河口付近のヨシ群落および裸地のリン酸イオン濃度および酸化還元電位の垂直分布
もっとも河口に近いヨシ群落と，これに隣接する裸地において測定を行った。リン酸イオン濃度は堆積物間隙水中の濃度を定量し，また酸化還元電位は白金電極を堆積物に挿入して測定した。

は，リン酸鉄のような難溶性のリン化合物からリン酸イオンが生成するため，間隙水中のリン酸イオン濃度が高くなったと考えられる。間隙水中のリン酸イオンは，河川水中に移動するとともに，一部はヨシの根から吸収される。したがって，ヨシ群落は，自らが生産した有機物により堆積物を還元的にして難溶性のリン化合物を可溶化し，これを成長に用いていると考えられる。ヨシ群落の生産性と河川水や堆積物中の栄養塩の関連については今後さらに研究を進める必要がある。

3. ヨシの耐塩性

つぎに，ヨシの耐塩性に関する生理的特性について述べる。もっとも海に近い調査地（**表9**，河口域1～4）は汀線に近く，ここに生育するヨシ群落は海水の冠水を受けるため最大塩分が2.5％，大潮時の日冠水時間が7時間30分ほどであり，高塩分環境下に成立していることがわかる。土壌中の塩分も0.44％（重量比）を示し，表層から底層まで塩分が高い。ここでは種子生産はほとんどみられず，群落高も低い。

塩分がヨシ群落の成立におよぼす影響を調べるために，塩分の異なる地点から得られた種子の発芽実験を行い，実生の初期成長を追った。ただし，ヨシは根茎による栄養繁殖を行い，発芽率や初期成長の状態が群落の成立や維持にどの程度かかわっているかを評価するのは難しいため，耐塩性のみに注目した。発芽率は汽水域で得られた種子が最大で，また培地の塩分が低いほど高かった。淡水域で得られた種子は培地の塩分が2.2％（河口域の大潮時の平均塩分）を超えると発芽しなくなるのに対し，汽水域や河口域で得られた種子は塩分を3.5％にしてもわずかながらではあるが発芽する点が特徴的である（**図93**）。また，どの環境から得た種子でも淡水中で発芽させた実生は3.5～5.0％の塩分の培地で成長が認められた（**図93**）。これらの結果から，河口域から得た種子は発芽段階で耐塩性をもつが，実生の段階では親個体の生息場所に関係なく海水か，それ以上の高塩分環境に対する耐性を発現しているといえよう。なお，本実験では，淡水域から得た種子を淡水中で発芽させて得た実生は淡水培地で成長しなかったが，この原因については不明である。

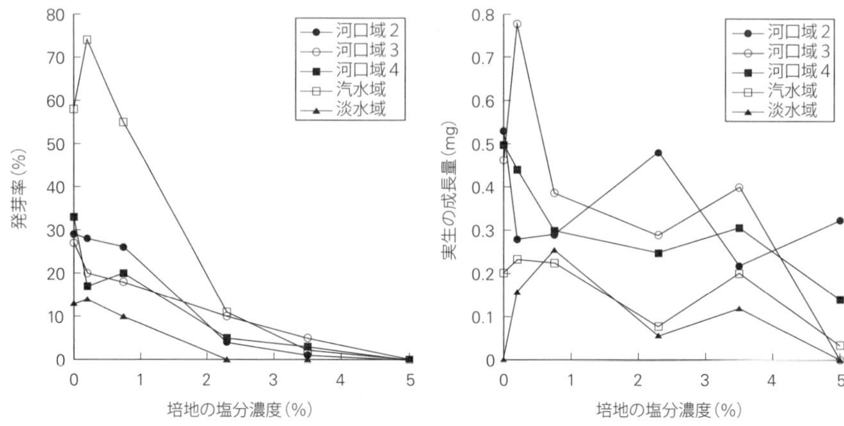

図93 塩分が異なる地点から得たヨシの種子の発芽率および実生の初期成長速度
筑後川河口に発達するヨシ群落のなかから，河口域(調査区2, 3, 4)，汽水域，淡水域(表9参照)の3地点を選び，ここで得た種子を塩分が異なる培地上で発芽させた場合の発芽率(左)，およびこれらの種子を淡水中で発芽させた後に塩分が異なる培地上に移植した個体の21日間の成長量(乾燥重量)(右)を示す。河口域の調査区1～4のうちもっとも河道中央に近い1での種子生産量は著しく低かったため，解析から除外した。

筆者らは，ヨシとは別に，シチメンソウ(*Suaeda japonica* Makino)の種子が，一度海水より高い塩分濃度の環境に暴露されることで発芽率が高くなることを見出した[75)]。これは、シチメンソウが生育する干潟に形成される潮だまりのような高塩分環境が，発芽を促す場所であることを示す興味ある結果である。

5-3 ミドリムシ(*Euglena mutabilis*)

1. 底生のミドリムシ(*Euglena mutabilis*)の分布

大分県の九重火山群にあるタデ原湿原の湧水の湧出口や坊ガツル湿原に流入する湧水の1つには，堆積物の表面にユーグレナ植物の微細藻類であるミドリムシの一種(**図94**)がバイオフィルムを形成して生息している。ここに出現する種は，炭坑や金属鉱山から流出する酸性度が高い坑排水中に生息し，世界

図94　福岡県鞍手町泉水の旧炭鉱から出る坑排水の流出口と，ここで確認された *Euglena mutabilis*（左上）
各地の炭坑から出る坑排水中には，堆積物表面に *Euglena mutabilis* がしばしば確認される。また，タデ原湿原や坊ガツル湿原内外の火山性の湧水中にも，これと同じ形態を有する種が確認される。この *E. mutabilis* の生態については，まだよくわかっていない。

各地から報告例がある *Euglena mutabilis* Schmitz[76] と同一種であると同定された。本種は旧筑豊炭田（福岡県東部）の坑排水中にも優占していることが，筆者らの調査で確認されている。以下，本節では，これら火山性湧水や坑廃水中から筆者らが採取し同定した系統を *E. mutabilis* 九州系統とよぶことにする。*E. mutabilis* の分布する環境についての報告例はけっして多くはないが，共通していえることは pH が約 3.0 より低い淡水中に生息する種であり，酸性坑排水の指標種ともなっている。これに対し，この *E. mutabilis* 九州系統の生息地の pH は 3.74 ～ 7.33 の範囲にあり，中性環境にも分布していることがわかった。*E. mutabilis* が坑排水やこれに類似した水環境にも共通して分布していることが確認された点は興味深い。

筆者らは，九州北部各地の坑排水や火山性の湧水でこの *E. mutabilis* 九州系統の生息地と非生息地とで水質を比較し，その結果，ナトリウム（Na），カル

表10 九州北部の坑排水および火山性の湧水32ヵ所で計測した水質と*Euglena mutabilis*九州系統の生息の有無による有意差検定
**：p＜0.01, *：p＜0.05, NS：有意差なし。

項目	*Euglena mutabilis* 九州系統		有意差
	非生息地（n ＝ 27）	生息地（n ＝ 5）	
温度（℃）	17.4 ± 1.9	17.5 ± 5.2	NS
pH	6.45 ± 0.28	5.24 ± 0.68	NS
電気伝導度（mS/m）	87.79 ± 27.44	96.32 ± 75.70	NS
溶存酸素（mg/L）	7.56 ± 0.54	5.92 ± 2.33	NS
全有機炭素（mg/L）	9.7 ± 7.5	43.9 ± 41.0	NS
流速（cm/s）	11.0 ± 2.7	3.5 ± 1.6	NS
硫酸イオン（mg/L）	399.5 ± 100.2	596.2 ± 386.3	NS
ナトリウム（mg/L）	19.6 ± 3.2	50.3 ± 21.5	**
マグネシウム（mg/L）	28.7 ± 13.2	25.9 ± 11.2	NS
アルミニウム（mg/L）	9.9 ± 7.0	8.3 ± 7.0	NS
ケイ素（mg/L）	37.2 ± 5.2	52.9 ± 20.9	NS
カルシウム（mg/L）	40.5 ± 11.0	177.9 ± 94.3	**
鉄（mg/L）	5.2 ± 4.0	34.3 ± 21.3	*

調査地点：宝珠山第一坑口・宝珠山第二坑口・採銅所・釈迦湧水・八幡（以上福岡県），小松地獄・円形分水・うるしま川・赤川荘・ガニ湯・桑畑湧水・老野湧水・天満湧水・くしろ湧水・矢原・飲泉所・坊ガツル・河宇田・塚原温泉・泉水・七里田温泉・長小野・め組茶屋・瀧目権現・明礬温泉・血の池地獄（以上大分県），田の原川（2 地点）・スズメ地獄・涌蓋山湧水・上田・はげの湯（以上熊本県）

シウム（Ca），鉄（Fe）が分布地で有意に高い値を示すことを確認した（**表10**）。*E. mutabilis*の分布に関するこれまでの報告では，酸性で，鉄，イオウ濃度が高いことが生息できる条件であるとされていたが，*E. mutabilis* 九州系統では，鉄については*E. mutabilis*同様な傾向が確認されたものの，酸性度やイオウについてはこの種の分布を制限する要因ではないことがわかった。

2. *Euglena mutabilis* の光合成

泉水坑排水および坊ガツル湧水中に生息する 2 系統の *E. mutabilis* について，光合成および呼吸活性の pH 依存性を調べた。この計測では，培養したそれぞれの系統の *E. mutabilis* を，pH を調整した培養液に移し，その直後と 96 時間後の総光合成速度，暗呼吸速度を酸素電極を用いて測定した。泉水坑排水の系統では，培養開始直後の総光合成速度は pH が 2 から 7 の範囲，および反復計測の一部では pH=8 まで光合成活性が認められた。光合成の最適 pH は 5 で，試料採取地の pH の 3.95 より高い値であった。これに対し，坊ガツル湧水の系統では，

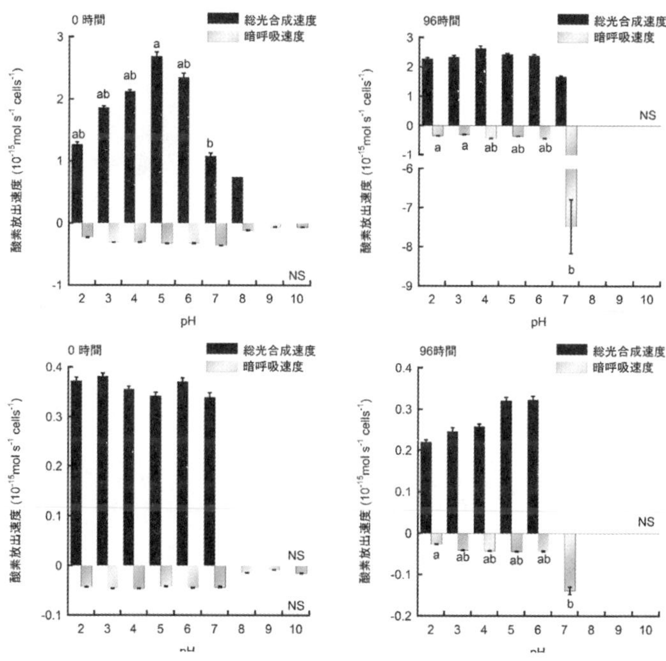

図95　*Euglena mutabilis* の総光合成速度，暗呼吸速度の pH 依存性

泉水坑排水（福岡県鞍手町）および坊ガツル湿原湧水（大分県竹田市）から採取し単離した *E. mutabilis* 個体群を，それぞれ pH を調整した Hoagland 培養液中で培養し，培養開始直後と 96 時間経過した後の総光合成速度と暗呼吸速度を酸素収支から計測した値を示す。

pHは2から7の範囲で光合成活性が認められ，pH=8ではまったく活性が認められなかった。pHが2から7の範囲ではほぼ同じ光合成活性を示し，この範囲が最適pHの範囲であると考えられる。

pHを調整した培養液で96時間培養後の*E. mutabilis*個体群では，総光合成速度は大きな変動はなかったものの，泉水坑排水の系統ではpH=8で光合成活性が見られなくなり，また坊ガツル湧水の系統ではpH=7で活性が見られなくなった。試料採取時の坊ガツル湧水のpHは5.32であり，泉水坑排水より高かったが，泉水坑排水の系統では坊ガツル湧水の系統と比較してより高いpH領域まで光合成活性を示し，このことは，*E. mutabilis*の光合成活性のpH依存性が必ずしも生息環境を反映しているものではないことを示している。

暗呼吸活性は，pHを調整した培養液での培養開始直後は，両系統共にpHが2から10の範囲で認められたものの，96時間培養後ではpH=7までの範囲となり，両系統共にpH=7が生理的な限界と考えられる。ただ，pH=7での呼吸活性は著しく高く，中性域では高いストレスがかかっているものと考えられる。なお，これら2系統の*E. mutabilis*の個体あたりの光合成，呼吸活性は，泉水坑排水の系統が坊ガツル湧水の系統と比較して10倍程度高い値を示したが，これは両系統が同種であっても細胞の大きさが大きく異なることによっている。*E. mutabilis*の細胞の大きさや形態は，培養条件によっても大きく変化することが認められており，培養条件を検討する上での基準となると考えられる。

この*E. mutabilis*が生息する場所の水質に共通する特徴の1つが鉄の濃度が高いことであることはすでに述べたが，実際に底質には酸化鉄が沈殿している。このような性質は炭坑などから出る坑排水の特徴であり，一般にパイライト（黄鉄鉱；FeS_2）の酸化によって生成する酸性硫酸塩土壌からの流出水の特徴とも一致している（81ページ参照）。ドイツにおける*E. mutabilis*の生息地は褐炭採掘地からの流出水が流れ込む水路や湖沼で[77]，パイライトの酸化の影響を強く受ける場所である。筆者らは，ドイツのラウジッツ丘陵にある湿原，Bergen-Weissacker Moorに流入する水路で*E. mutabilis*を確認しているが，ここには水位維持のために鉄の濃度がきわめて高い地下水が人工的に流されている。タデ原湿原や坊ガツル湿原の湧水は酸性硫酸塩土壌から流出したものではないが，火山起源のイオウや鉄が多く含まれ，水質に共通する点が多い。ただ，鉄の濃度が高い場所に必ずこの *E. mutabilis* が分布するとは限らず，その理由に関しては *Oscillatoria* といったシアノバクテリアとの種間関係などほかの生物の影響も考慮する必要がある。

ここで測定された光合成速度からみると，坑排水中から得た *E. mutabilis* 個体は1秒あたり $1 \sim 2 \times 10^{-15}$ mol の酸素を放出する。*E. mutabilis* が単層でバイオフィルムを形成していると仮定して単位面積単位時間（$m^2 \cdot s$）あたりの酸素の放出量を計算すると，おおよそ $1 \sim 2 \mu$mol となる。筆者らが測定したホウセンカの葉（栄養環境がよい条件下で栽培した個体）やシロザの葉で 10μmol 程度である。単純に葉と単細胞生物の光合成速度を同一尺度で比較することはできないが，*E. mutabilis* が密なコロニーを形成していることを考慮し，バイオフィルムの面積でみれば光合成能はかなり高いと考えられる。

5-4　土壌微生物による有機物分解

1. 土壌微生物のはたらき

土壌中に生息する微生物（土壌微生物とよぶ）は，有機物の分解や窒素代謝など，生物群集と土壌の間の物質循環で重要なはたらきを担っている。「有機物の分解速度」とは動植物の遺骸などの有機物から無機物が放出される速度をさし，無機物を栄養塩として吸収する植物からみれば栄養塩，すなわち肥料の供給速度に相当する。土壌微生物は，土壌中の有機物を分解して得られるエネルギーを利用して生活する微生物を総称したもので，生態系の中では土壌中の昆虫やミミズなどの動物とともに分解者とよばれる生物群集を構成し，主に真菌類と細菌類である。微生物群集や個々の微生物がもつさまざまな機能に関する研究もさかんに行われている一方で，物質循環の中で土壌微生物が果たす役割に関する研究も重要であり，有機物の分解，窒素固定，硝酸化成，脱窒素などの窒素代謝，還元土壌からのメタン生成などの機能の解明や，土壌微生物の全体量の定量などがテーマとなっている。このような研究はおもに農地での農作物の生産性を評価することとの関連で行われてきたため，湿地や泥炭地の微生物に関する研究はまだあまり蓄積がない。ここでは，立地環境が類似したいくつかの湿原で，植生と有機物の分解速度との関連を複数の測定方法を使って解析した結果から微生物のはたらきを調べた研究を紹介する[78,79]。

2. 微生物による有機物の分解

この研究は新潟県新発田（しばた）市にある升潟（図 49）と，北蒲原郡豊浦町から安田町にある五頭（ごず）山脈と新潟平野との接点に位置する笹神丘陵の湿原群で行われた。これらの湿原の気候条件はほぼ同一であるので，土壌や植生の違いから有機物の分解速度を比較できる。升潟は池沼に泥炭層が発達した湿原で，泥炭層の一部は浮島となっている。この湿原にはオオミズゴケ，ヨシ，マコモ，ハンノキ，ムジナスゲがそれぞれ優占する群落が近接して分布している。湿原内には観光用に整備されたアヤメ園があり，ここに投与される肥料から出る余剰な栄養塩による富栄養化が懸念されている。一方，笹神丘陵は南北に連なる標高約 130 m 以下のなだらかな地形で，この西側に湧水が流出する斜面や谷沿いの標高 10 ～ 40 m の場所に湿地が点在しており，ここに斜面の遷緩点からの湧水によって涵養されている湿原群が滝沢村や笹神村貝喰などにある。これらの湿原群の泥炭層は 15 ～ 20 cm 程度しか発達していないが，涵養水で常時湿潤な状態でその上にオオイヌノハナヒゲ，オオミズゴケが優占する群落が発達している。

この研究では，有機物の分解速度を複数の方法で評価し，それぞれの値を比較して植生との関連を解析した。ここで用いた方法は，有機物量の時間変化（泥炭分解速度とセルロース分解速度），泥炭の酸素消費速度，泥炭からの二酸化炭素発生速度である。有機物量の時間変化の解析には現場で採取した堆積物を乾燥させたものを試料として泥炭分解速度を，ろ紙を試料としてセルロース分解速度を測定するのだが，ここで用いたのはリターバッグ法である。それぞれの試料をリターバッグ（メッシュサイズ 0.25 mm の袋）に詰め，現場の土壌表層に埋設し，定期的に回収してその重量の変化を計測した。また，内容積が約 200 cm^3 の密閉したステンレス円筒を泥炭の上に置き，酸素濃度計で円筒内の酸素濃度を測定して酸素消費速度を，現場で採取した表層泥炭を 25℃で培養して二酸化炭素発生速度を求めた。それぞれの値はオオミズゴケ群落の成立

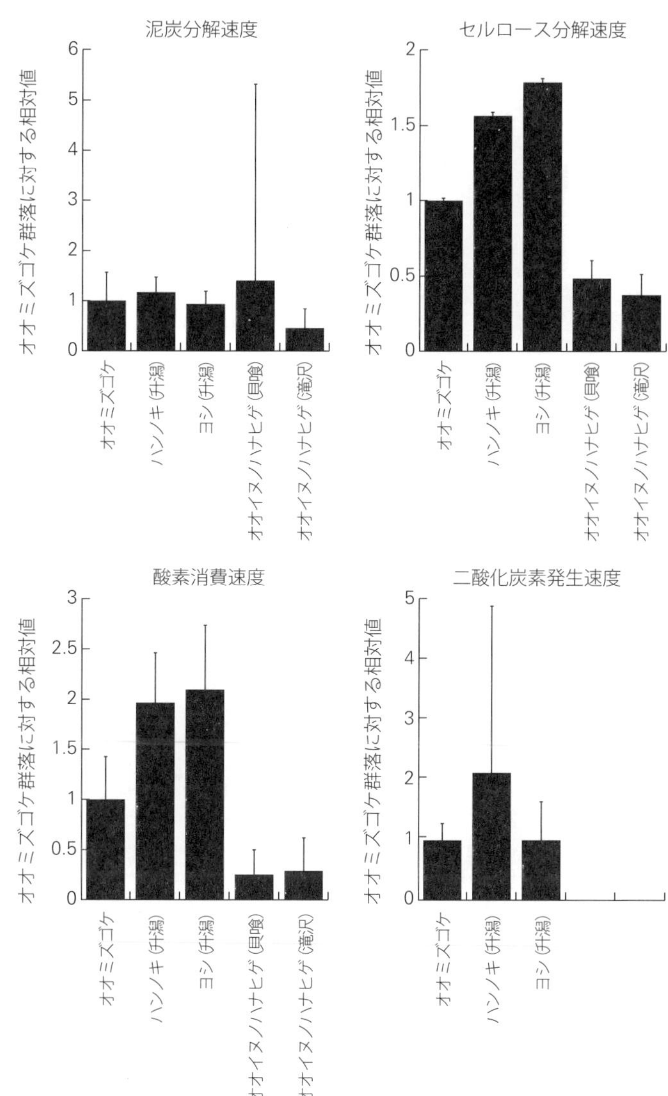

図97　升潟および笹神丘陵（滝沢村，笹神村貝喰）の湿原群における植生ごとの有機物の分解速度の比較

リターバッグ法を用いた泥炭，セルロースの分解速度，泥炭の酸素消費速度（現場での計測），および泥炭からの二酸化炭素発生速度（実験室での計測）を，各湿原のオオミズゴケ群落が成立する場所の値を基準とした相対値で示す。

する場所で得られたものを基準にした相対値として扱った。

泥炭分解速度は，升潟および笹神丘陵の湿原群ともに，植生による有意差は認められなかった（図 97）。これに対して，セルロース分解速度は両湿地ともに植生によって有意差が認められた。酸素消費速度は笹神丘陵の湿地では植生によって有意差が認められたものの，升潟では認められなかった。しかし，笹神丘陵におけるセルロース分解速度と酸素消費速度には有意な正の相関が認められた。一般にミズゴケ群落より富栄養な環境に成立するオオイヌノハナヒゲ群落でセルロース分解速度，酸素消費速度が有意に低くなっているが，笹神丘陵ではオオイヌノハナヒゲ群落が湧水など比較的富栄養な水によって直接涵養される場所に成立し，まだ泥炭が十分堆積していないことから，セルロース分解にかかわる微生物群集が発達しておらず，分解活性が低くなったものと考えられる。オオイヌノハナヒゲはパイオニア種として泥炭が堆積しにくく攪乱を受けやすい場所に侵入し，これが基礎となってつぎの段階であるミズゴケ群落が成立し，ここから泥炭の堆積が開始すると考えられる。

セルロース分解速度と比較して，泥炭分解速度には植生間の有意差が認められなかった。植生の違いとは，ミズゴケ，ハンノキ，ヨシ，オオイヌノハナヒゲといった泥炭を構成する植物（有機物）の質の違いを意味する。このことは，泥炭中の有機物の質が違っても，泥炭の質に応じた微生物群集が形成されるなどして，分解速度がおのずと一定になるように調節されていると考えることができるだろう。これに関しては，分解速度としてみた微生物活性の評価だけでは詳細はわからないので，さらに微生物の種構成やその機能について評価を行う必要があるが，泥炭の堆積速度が世界各地の湿原でほぼ年間 1 mm で一定になっていることを考えると，泥炭の生成や分解を普遍的に制御する何らかの要因が存在しているのではないかと思われる。

Wetlands of japan

終章

Final Chapter

湿原の保全にむけて

本書では，筆者が主体となって，あるいは分担して行った湿原研究について紹介してきたが，その中で折にふれて国外の湿原を日本の湿原との比較として紹介してきた。本章では，国内外の湿原に共通する問題をとりあげ，その解決策を検討しつつ，今後のわが国の湿原の保全に関する私見を述べたい。内容は一部重複する部分もあるが，世界各地の湿原に共通する問題を中心として，再度整理して紹介する。

1．世界各地でみられる硫酸による環境汚染

硫酸による土壌や水圏の酸性化は，広く湿原に共通してみられる環境汚染である。地球環境変動と比較すれば局所的で地域の問題の範疇に含めてもよいが，世界の多くの地域で発生していることと，汚染が土壌，陸水，沿岸域と広域的に広がる性質をもつことから，地球規模の環境問題の１つとして扱いたい。事実，大気エアロゾルの一種として硫酸エアロゾルがあり，近年この量が増加しつつあるといわれている。硫酸エアロゾルはオゾンホールの形成や大気放射のバランスを変化させるなど大気に直接影響をおよぼすものである。湿原から土壌や水圏に流出した硫酸が硫酸エアロゾルの形成に直接かかわるものではないにしても，水圏中の硫酸濃度の増加は微小な水滴中の硫酸濃度の増加につながり，ひいては硫酸エアロゾルの増加につながるので，間接的には水圏よりさらに広域な大気圏の硫酸汚染の原因となりうる。本章では湿原での問題を整理して紹介するにとどめるが，硫酸汚染は地球規模で影響をおよぼすものであるとの視点をもつことはたいへん重要であろう。

自然環境のなかで最大の硫酸供給源となっているのは火山である。火山活動によって放出される硫酸は，大気圏，水圏，土壌に拡散し，酸性化を進める。火山性の湧水や温泉水のなかには硫酸濃度が高く，強酸性化しているものがしばしば認められるが，これらは天然の硫酸放出源である。本書で紹介した九重火山群にある火山性の湿原は，このような湧水の影響を直接受け，その程度によって成立する植生が異なっており，これは人為的な汚染ではない。

近年では，化石資源の利用にともなって硫酸の環境中への放出量が増加している。原油中にはイオウが多量に含まれるので，精製のプロセスに脱硫がある。ここで取り除かれたイオウを原料として，工業的に硫酸が製造されており，これを使用した製品が硫酸の人為的な放出源となる。また，石炭もイオウを多く含む化石資源である。酸性雨の原因となっているイオウ化合物の多くは，石炭の燃焼により大気中に放出されたものであるといわれている。このほか，金属鉱山を開発することでイオウ化合物が流出し，水圏の酸性化を引き起こすなど，人為的な硫酸の放出源は多様である。泥炭は石炭と同じ植物系化石資源であるためイオウを含んでおり，湿原の開発に関連したイオウの動態も硫酸汚染の問題を考えるうえで無視できない存在であるといえよう。

硫酸による土壌の酸性化，すなわち酸性硫酸塩土壌の形成は，土壌中に含まれるイオウ化合物，とくにパイライト（黄鉄鉱；FeS_2）が酸化されることによって引き起こされる（81 ページ参照）。海水中には硫酸イオンが多く含まれ，また陸上からは鉄が供給される。浅海域のマングローブや塩湿地群落から有機物が供給されるとこれを好気的に分解する微生物が増殖し，土壌が表層を除いて嫌気的になり，硫酸還元菌のはたらきで硫化水素が発生し，環境中にある鉄と反応してパイライトが生成する（**図 98**）。干潟には植物群落が発達しないので，パイライトの生成はみられない。熱帯泥炭地は泥炭層の下にパイライトを含む鉱物質層が広く分布する。霧多布湿原や釧路湿原など河川の後背湿地に形成された寒冷地の海洋性の湿原でも，泥炭層の下にパイライトを含む鉱物質層が認められる。たとえば，風蓮川湿原で筆者らが行った調査でも泥炭層の底部で硫酸イオン濃度が高くなっており，地下水としての海水の浸入によるもののほかに，パイライトの酸化による影響もあると考えられる（**図 99**）。なお，落石周辺

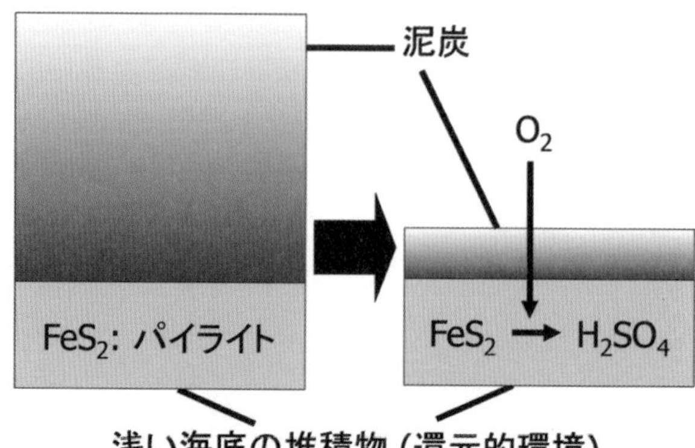

図98　パイライトの生成とその酸化分解による硫酸の生成
パイライト（FeS_2）は，マングローブや塩湿地など浅海域にある還元的な堆積環境の中で生成される鉱物である。熱帯泥炭地や海洋性の湿原の多くは，パイライトを含む鉱物質層の上に発達している。このような湿原では，泥炭が厚く堆積している状態であれば問題はないが，農地化などによって泥炭層が薄くなると，大気中の酸素が鉱物質層に達し，微生物の作用でパイライトが酸化されて硫酸（H_2SO_4）が放出される。硫酸は土壌の酸性化のみならず，広域的な陸水の酸性化をまねく。

の湿原のように50mほどの海岸段丘上に発達していると，海水が直接浸入しないためパイライトを含む鉱物質層がなく，泥炭層の酸性化も認められない。

湿原が自然の状態で保たれているかぎりはパイライトは化学的に安定して存在するが，農地などへの転換のために湿原が排水されたり，採掘で泥炭層が薄くなったりすると，大気中の酸素が泥炭層を通過して鉱物質層にまでとどき，パイライトの酸化が進んで酸性硫酸塩土壌となる（**図98**）。この反応には微生物が関与するので，微生物の量はパイライトの酸化速度に大きく影響する。

現在，酸性硫酸塩土壌は世界各地にみられるが，とくにインドネシア中央カリマンタンの泥炭湿地林がある地域では広域的に問題となっている[18, 80]。この地域では，たとえば1995年に開始され1997年に中止されたメガライスプロジェクトに代表されるように，政府が移民政策を行ってジャワ島など人口集中地域から過疎地へと住民を移住させて，農地開発を行った。農地開発では，まず樹木の伐採と排水路の掘削を行い，排水が進むと焼き畑を行ってそこの植生を灰にする。灰として土壌中に回帰した無機塩類を使って農地化し，作物の生産が可能となる。しかし，泥炭の分解が次第に進み，乾燥し薄くなった泥炭層を通過して酸素が鉱物質層にまでとどくようになると硫酸の生成が進み，土壌が酸性化する。強度に酸性化した土壌は作物の生産に適さないため，収量は著しく低下する。酸性土壌に強いパイナップルでも農業が成り立たず，人々は樹木の違法伐採や河川での金採掘をするようになってしまった。中央カリマンタンではとくに大規模で広域的な森林火災が毎年のように発生し，深刻な環境問題となっているが，火災の一部は森林伐採のために奥地に入った人々の煙草に起因するといわれている。また河川での金採掘には水銀を使用するため，水銀汚染など，別の問題も引き起こしている。

泥炭地で生成された硫酸が土壌から水圏へと流出して，河川や湖沼の水の pH が 2.0 以下の強酸性になっている地域がみられる。パイライトは浅海域で生成されるため，その量は海岸に近い地域ほど多くなる。したがって，この強酸性化の問題は，おもに海岸に近い泥炭地でみられる。しかし，泥炭地では一般に泥炭層の下部に含まれる硫酸イオンの濃度は表層部と比較すると高い値を示す傾向があるので，現状では硫酸汚染が顕在化していない内陸部でも潜在的にはその発生の危険性があるといえよう。**図 99** に示したように，風蓮川湿原でも泥炭層の底層で硫酸イオン濃度の増加がみられることから，おそらく日本でも海洋性の湿原は潜在的に硫酸汚染の危険性を含んでいると考えられる。硫酸の発生を防ぐためにも，湿原の保全は重要である。

生息場所が強酸性化すると生物群集にどのような影響をおよぼすのかはまだほとんどわかっていないが，硫酸汚染地域では河川の大型ベントスの多様性が著しく低い。たとえばインドネシア中央カリマンタンを流れるセバンゴー川の下流部で硫酸の影響を強く受けている場所があり，この底質にはある種のユスリカが認められるにすぎなかった。これに対し，セバンゴー川の上流部は天然の泥炭湿地林内を流れ，底質中の有機物量が高く，ベントスの種組成も多様であった[80)]。

先に述べたように，パイライトの生成はおもに浅海域で起こるが，ヨーロッパ各地にある第三紀の間氷期に形成された氷河湖のなかには湖底堆積物中に

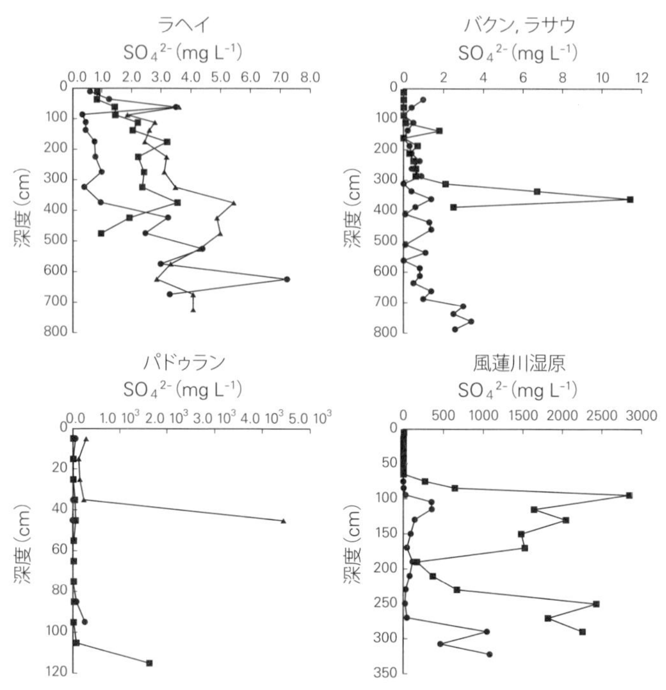

図99　泥炭水中の硫酸イオン (SO_4^{2-}) 濃度の垂直分布
インドネシア中央カリマンタンの内陸部にあるラヘイ (3試料), 同セバンゴー川中流域のバクン (■) およびラサウ (●), 同下流部のパドゥラン (3試料), および北海道東部の風蓮川湿原 (2試料) における泥炭水中の硫酸イオン濃度の垂直分布を示す。表層と比較して底層で硫酸イオン濃度が高くなる傾向は, すべての地点で共通にみられる。日本の海洋性の湿原においても, 泥炭層の底層でパイライトの酸化による硫酸の生成の可能性があることを示している。(Haraguchi ら[18] より一部改変)

パイライトが含まれており, 湖水に硫酸イオンを多く含むものがある。このような氷河湖から発達した湿原は, この湖底堆積物の上に泥炭層が形成されるため, 海洋性の湿原同様に下層がパイライトを含む鉱物質層となる。ヨーロッパ各地では第三紀の氷期に湿原の出現と泥炭の形成, 間氷期に湖沼の出現と湖底堆積物の堆積という過程が繰り返し起こり, 湖底堆積物の間に挟まれた泥炭が経年変化して現在採掘されている褐炭が形成された。したがって, ヨーロッパ各地に褐炭層とパイライトを含む湖底堆積物層が交互に重なって存在し, とくにドイツ東部のラウジッツ丘陵周辺で多く認められる。褐炭の採掘は産業革命以降各地で行われ，ドイツ東部でも 20 世紀初頭から露天掘りが行われてきた。当時は主に人力で褐炭を採掘し，層間の湖底堆積物層をボタ山のように積み上げていたため，人工的な凹凸地形があちらこちらにできた。この凹地にしだいに水がたまり，数多くの湖沼 (post mining lakes) となった (**図 100**)。凸地はパイライトを含むため雨水と酸素の供給によって酸化され，硫酸が生成し，これが凹地にできた湖沼に流入するので通常著しい酸性 (pH は 2.0 前後) の湖水となる。このような強酸性湖沼の水質改善や植生の復元がドイツ東部の褐炭採掘跡地では重要な課題となっており，たとえば淡水をほかの水系から導いて希釈するとか，炭酸ナトリウムで中和するなどの方法がとられている。しかし，酸性化した湖水はばく大な量かつ広域的な問題であるため，なかなか意図するような水質改善，植生の成立はみられない。淡水を導いて酸性度を緩和しているセンフテンベルク湖では，一時的に淡水の流入が停止したことがあるが，その直

図100 ドイツ東部のラウジッツ丘陵にある褐炭採掘跡地にできた強酸性湖沼 (Lake Plessa 107)
20 世紀前半に褐炭が採掘された地域には，多くの強酸性湖沼がみられる。このLake Plessa 107 もその 1 つで，褐炭採掘跡にできた凹地がしだいに湛水して形成された湖であるが，周囲に積み上げられた第三紀の湖底堆積物を含む凸地から流れ込むパイライト起源の硫酸を高濃度で含む。

後にpHが急速に低下した。このように，強酸性湖沼の環境修復はたいへん困難な問題である。

強酸性湖沼のなかには，酸性環境に耐性をもつ水生植物の *Juncus bulbosus* L.（イグサ属）やヨシなどがパイオニア種として侵入し，しだいに群落を拡大しているような場所もある（**図101**）。強酸性湖沼に水生植物群落が成立すると底層に有機物が供給されて還元的になり，硫酸還元菌のはたらきで硫酸イオンが還元される。そのため硫酸濃度が減少し，酸性環境が緩和されていく。そうなると続いて湿生植物群落が発達し，やがて生物の多様度も高くなり，生物群集の回復が進む。ドイツでは，このような地域を自然保護区に指定して，さらなる植生の回復を促している。

ラウジッツ丘陵周辺では現在もなお褐炭採掘が進められており，最近新たに採掘が開始された地域も数ヵ所ある。このような褐炭採掘地では，幅200m，深さ150m，長さ5～10kmにも達する巨大な溝が掘削され，これを横断する

図101　ドイツ東部のラウジッツ丘陵にある植生が成立しつつある湖（Lake Plessa 109）
強酸性湖沼に耐酸性の *Juncus bulbosus*（イグサ属）が群落を形成すると，しだいに湖水のpHが上昇し，やがて *J. bulbosus* 群落の中に *Carex rostrata* Stokes（スゲ属）や *Eriophorum angustifolium* Honck.（ワタスゲ属）などが侵入し，植生が成立していく。

巨大なブリッジを見ることができる（**図 102**）。ここでは，ブリッジを溝の長軸方向に移動しながら褐炭層を掘削するが，その層間に存在する鉱物質層はブリッジを通して反対側に運搬し，地層構造をなるべく保ちつつ埋め戻しを行うという工法である。ブリッジは溝を往復することで褐炭層を掘り進め，しだいに横方向に移動していく。当然，掘削によって地下水が湧き出るが，これもあらかじめポンプで吸引して貯留し，埋め戻した後に再注入する。このようにしても水の損失は多く，採掘地の周辺では地下水位が低下するのが一般的である。

ラウジッツ丘陵にある Bergen-Weissacker Moor は生物の多様度が高く，この地域の原植生を残す湿原であったが，褐炭採掘地の近くにあったため，地下水位が急速に低下して乾燥化が進み，一時危機的な状況になった。現在では近くの森林から地下水をポンプで汲み上げ，湿原に供給することで水位は維持されているが，この地下水は鉄や硫酸イオンを多く含んでいるため，本来の湿原の水質から大きく変化し，その影響で植生も大きく変化した。さらに，鉄を多量に含むため，酸化鉄が土壌表面に沈着し，景観も良好とはいえない。本書の北

図 102 ドイツ東部のラウジッツ丘陵にある褐炭採掘現場
現在では，巨大なブリッジを使って，褐炭の採掘と鉱物質層の埋め戻しを同時に行う工法がとられている。採掘跡地の植生復元と，鉄と硫酸イオンを高濃度で含む排水の処理が問題となっている。

海道北部の苫頓別湿原や北海道東部の霧多布湿原，また京都市の深泥池の解説で，道路による水理環境の変化が湿原植生に大きな影響をおよぼすことが懸念されると述べたが，Bergen-Weissacker Moor の例にみるように，湿原の水環境を一度変化させてしまうと，もとどおりに回復させることはたいへん困難で，湿原の管理には集水域を含めた水理環境の維持が重要であることが再認識される。なお，筆者らは前章で解説したミドリムシと同じ底生種 (*Euglena mutabilis*) を Bergen-Weissacker Moor に地下水を供給する水路で確認しており，このことからもこれが酸性坑排水と同様な水質をもつ水であることがわかる。

陸水の硫酸汚染は，日本ではいくつかの金属鉱山からの排水や温泉水でみられるが，旧炭坑が原因となる硫酸汚染に関してはまだほとんど報告例がない。しかし，九州北部の旧筑豊炭田を流れる遠賀川の水質調査の結果から，随所に硫酸の流入の兆候が認められる (**図 103**)。ドイツの事例は日本の湿原とは直接

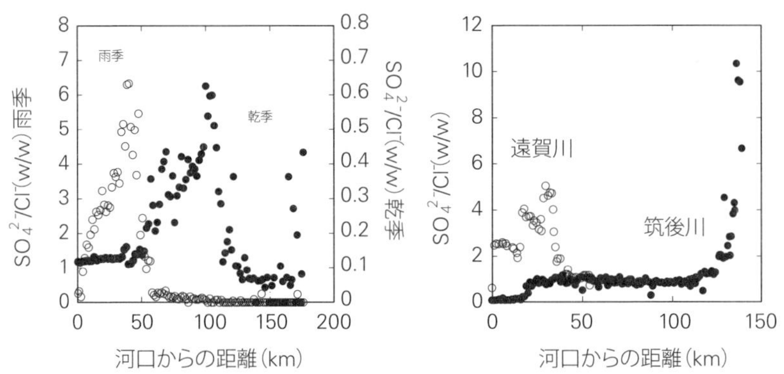

図 103　河川水中の硫酸イオンと塩化物イオンの濃度比 (SO_4^{2-}/Cl^-，重量比)
インドネシア中央カリマンタンのセバンゴー川 (左図) および九州北部にある遠賀川と筑後川 (右図)。標準的な海水中の SO_4^{2-}/Cl^- は 0.14 で河口付近ではこれに近い値を示すが，硫酸イオンの負荷があるとこの比は大きくなる。セバンゴー川では泥炭地からの硫酸の流入により中流域でこの比が大きく，とくに雨季に顕著に高まるが，遠賀川でもこれと同様な空間分布のパターンが認められる。九州北部の筑後川では遠賀川のようなパターンは認められないことから，遠賀川は旧炭坑の影響を強く受けていることがわかる。なお，筑後川の最上流部ではこの比が高まるが，これは火山に由来するイオウの影響である。(Haraguchi[81]，および未発表データ)

関係なさそうにみえるが，泥炭，褐炭，石炭などの植物系化石資源にかかわる共通の環境問題として，ここに簡単に紹介した。

2. 水環境の保全（湿原の修復）

湿原の保全には，水環境の維持がきわめて重要であることは繰り返し述べてきたところである。その際，泥炭形成植物の生育と泥炭の形成に適するような水質や水理環境を知ることが重要である。仮になんらかの影響で湿原の水量が減少したときに，これを修復するためには，外部から水を導入するのではなくその場の水を利用するのがもっとも有効である。

一度人間の手が加えられた湿原の修復に関しては，サロベツ湿原において水位をもとのレベルに戻すことでササの侵入を防止した事例がある。遮水シートを下に敷いて泥炭層の中に水を保持する試みについては138ページで述べたが，施業できる面積が限られるため，湿原全体への適用は難しいであろう。また，釧路湿原では，自然再生事業として湿原への土砂の流入を制限し，湿原植生を保ちハンノキ，ヤナギ類などで構成される森林への遷移を抑制する試みがなされた。集水域からの土砂の流入は湿原の水環境に変化を起こし，湿原植生に影響をおよぼすため，釧路湿原における自然再生事業は水環境の適正化を目的としたものといえよう。

湿原の復元に関してはこれまでにフィンランドでの事例（84ページ参照）を紹介したが，ここでもう一度ふれておきたい[82]。フィンランドは，フィンランド語での国名をSuomi（湿原の国）というように，湿原が国土のなかで広い面積を占めている。南部には貧栄養なbogが多く，中央部から北部にかけてはaapaが多く分布している。さらに高緯度地域にはpalsaとよばれる永久凍土上に発達した湿原がみられる。湿原植生はミズゴケ群落が主体であるが，ヨーロッパアカマツやオウシュウトウヒ，ヨーロッパダケカンバからなる湿地林も多い。一般に樹木の生育は地下水位が低下すると良くなるので，フィンランドでは1950年以降森林化と植林を目的とした湿原の排水が積極的に行われた。排水のための水路を掘り，湿原の乾燥化を促進した結果，湿原から森林への転換が成功し，林産資源の増産につながった場所もいくつかできた。筆者もかつて湿原であった地域に巨木の立派な森林が成立しているのを見たことがある。しかしながら，このような例は多くはなく，成功したものの多くはもともと緩斜面に泥炭が堆積しており，湿原が成立する以前も森林であったと思われる場所が多い。泥炭がドーム状に盛り上がった発達したbogは排水してもこれを森林に転換することは難しく，多くの湿原では排水路を掘ったまま放置されているのが現状である。

このような排水を行った場所には，たとえばカンバ類が侵入し湿原植生に変化がみられることが多少はあっても，ほとんどの場合ミズゴケが優占したままで，サロベツ湿原のようにササが侵入して植生が破壊された状態にある湿原はほとんどない。したがって，そのまま放置しておいてもやがて泥炭の堆積で排水路が埋まり，もとの植生に自然と回復すると思われる。しかし，フィンランドでは2000年前後から積極的に湿原の修復を手がけ，排水路を閉塞させる事

図104 フィンランドの湿原の排水路に設けられた堰
排水路の一部に堰を設け，排水路の水位を上げることにより湿原全体の水位も上がり，もとの湿原植生への回復が促される。この湿原では，排水による水位低下でカンバ類が侵入したが，堰の構築により水位を上昇させることで，やがてミズゴケ類の成長が良くなり，もとの湿原植生に戻ることが予想される。フィンランドには，このような修復によってもとの植生が回復しつつある湿原が多数ある。

業を行っている。排水路をすべて塞ぐとなると大量の現場の泥炭が必要となるため，10 m 間隔程度で堰を設けて排水路全体の水位を上げ，後は自然に泥炭の堆積を待つという手法がとられている（**図 104**）。排水路の水位が上がれば湿原全体の水位ももとと同じ状態に回復し，湿原植生の回復も促されるので，これはひじょうに有効である。場所により差はあるが，多くの施業された場所でミズゴケの成長が著しく回復し，泥炭の堆積が促進され，貧栄養な湿原に戻りつつある（**図 42** 参照）。

湿原の水位を上げるのと同様な目的で，アイルランドでは現場の泥炭を用いた築堤による湿原の修復が行われている（**図 105**）。必要となる大量の泥炭は湿原の一部から採掘することになるが，築堤により囲いの内部に水がたまり，そこにやがて泥炭が堆積するので，長期的にみれば泥炭形成が促進されることになる。

同様な湿原の復元の事例は，熱帯泥炭地でもみられる。先に述べたインドネシア中央カリマンタンには移民政策（196 ページ）で，農地化するためにつくら

図 105　アイルランドの湿原の修復の事例
アイルランドのタラモア周辺にある Raheen moore では，泥炭でできた堤（写真の奥に見える）を築き，湿原の水位を維持している。築堤には湿原の一部で泥炭の採掘を行う必要があるが，湿原全体の水位を維持するための確実な方法である。

れたまま放置されている排水路が土壌から水圏への硫酸の輸送経路となったり，泥炭が乾燥して大規模な森林火災を引き起こす原因になっている泥炭地が多く，泥炭地の水位を上げることはさまざまな面で有効かつ重要なことと認識されている。熱帯泥炭地は面積が広大で，排水路も大規模に掘削されたものが多く，また高温のため有機物の分解速度がきわめて高いなどの問題があり，排水路の一部を閉塞するだけでもたいへんな困難をともなう。熱帯地域の泥炭は寒冷域のものより酸性度が高く，そのため分解が抑えられている。排水路を流れる水が泥炭地より高い pH を示していると泥炭の分解が進んでしまうため，排水路を閉塞するためにヨーロッパのように現場で掘削した泥炭を用いてもすぐに堰が崩壊してしまう。しかしながら，堰が崩壊するまでの短期間であっても排水路の閉塞による水位上昇は有効で，閉塞した直後から水質に変化がみら

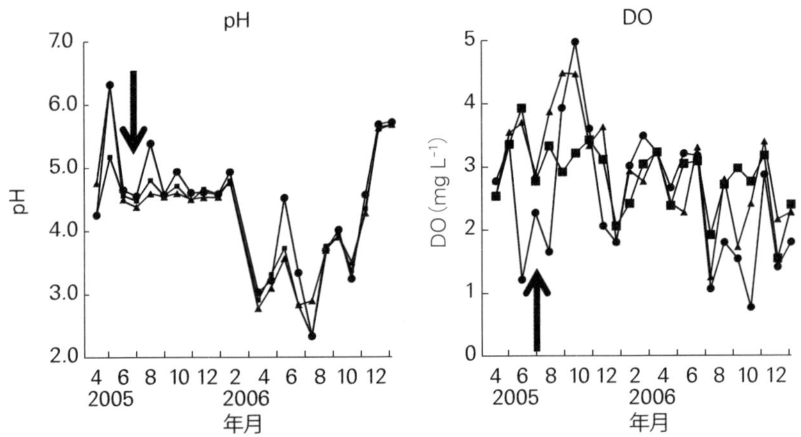

図106 インドネシア中央カリマンタンのカランパンガン地区（3つの調査地点）における排水路の堰止めとその後の水質変化

排水路に堰を築き（矢印），水位を上昇させた後の排水路の水の pH と溶存酸素濃度（DO）の変化を示す。pH は，堰を設けてから 8 ヵ月後に著しく低下し，この地域の湿原の標準的な値である 3.0 〜 3.5 を示した。溶存酸素濃度は，堰の構築後徐々に低下し，低酸素状態に移行しつつあることがわかる。さらに長期的な変化をモニターする必要があるが，構築直後でも水質はもとの湿原の状態に近づいていることから，堰は水理，水質の両面で湿原の修復に効果があることがわかる。

れ，溶存酸素濃度が低下して低酸素状態になったりpHが下がるなど，もとの泥炭地に戻る傾向が認められる（**図106**）。したがって，水路の閉塞は熱帯地域でも有効な修復手法であるといえる。

わが国の湿原も多くが農地化の対象とされ，土地改良事業での排水により地下水位が低下した状態になっている。現実には，山地の湿原を除き，排水しても農地化できなかった場所，いわゆる谷地が現在湿原として残っているのであるが，比較的自然な状態で残っているといわれている落石周辺の湿原や霧多布，標津，風蓮川などの湿原にも，すべて排水路がつくられている。このまま放置すればいずれは泥炭で埋まるので，長期的には問題は少ないかもしれないが，フィンランドの例にみるように，積極的に排水路を閉塞すれば湿原植生の回復は著しく早くなることが期待される。湿原そのものにさらなる開発の手を加えることはなくても，今後集水域の土地利用が大きく変化すれば，これが湿原に不可逆的な影響をおよぼす可能性は否定できない。このような場合，湿原が安定した状態にあれば，集水域からの影響に対して緩衝的に応答することも可能である。湿原のもつ本来の緩衝機能をできるかぎり早期に回復させ，集水域の変化に耐性のある湿原に戻すような復元のための施業が急務であると考える。

3. 日本の湿原の今後

世界各地にはさまざまな湿原があり，とくにその分布の中心である高緯度地域では日本にはみられないタイプの湿原も多数存在する。しかし，日本は南北に長い島国で，脊梁（せきりょう）山脈が季節風の影響を多様に変化させるため，気温，降水量，積雪量の地理的な違いや海洋，火山の影響などが生むきわめて多様な環境が存在し，これに対応して多様な湿原が成立している。同じ寒冷域の湿原であっても，海洋の影響のわずかな違いや積雪深の差で異なる植生が形成される。また，火山性の変化しやすい特性をもった湿原がみられるのも日本の大きな特徴であるといえよう。本書では，このような日本の湿原の多様性の一部にふれたが，まだまだ個性的な特徴をもった湿原が多々ある。さらに，広義の「湿地」に視野を広げれば，山地から海洋に至る複雑な地形の連鎖のなかに，さまざまなタイプの湿地が存在する。このような「湿地」の多様性が日本の湿原を特徴づけるものであろう。これに対して北欧の湿原は，もちろん個別にはさまざまな特徴をもっているが，緯度に対応した湿原のタイプが帯状に分布しているのが明瞭であり，湿原の類型化が可能である。このような背景から，北欧では湿原研究の成果が一般論として定着してきたのであろう。日本の湿原は多様性が高いがゆえに一般化が困難で，これが日本の湿原研究の集成を困難にしている原因の１つであろう。しかし，多様だからこそまだまだ解明されていないことがたくさんあり，今後の湿原研究の必要性を強く感じる。

日本の湿原は個々に特徴的であるので，それぞれが重要な価値をもっている。したがって，ある湿原を開発の対象とする代わりに別の湿原を保全・復元するといった代用がきかない。このような意味で，日本各地のさまざまな湿原を解析し，その特徴をあきらかにしたうえで，個々の湿原に適した保全策を検討することが，今後の日本の湿原研究に求められるもっとも重要な課題であると考える。

おわりに

本書は，筆者が長く湿原を対象にして行ってきた，湿原の化学的環境と生物群集との関連についての研究を総括したものである。研究の総括とはいっても，多くの資金と労力を投入して行った大きなプロジェクトではなく，自分なりの切り口で，なかば自己流で湿原の生態的な機能の一部をあきらかにしたという，お粗末ながら個人研究の域を出ないものである。また，常に同じ手法を用いてそれぞれの湿原を比較・解析したわけではなく，それぞれの湿原の特性とそれが抱えている問題に適した手法を自分なりに考えて，また，現有の資金と労力の範囲内でできることを行っただけであるので，最先端の解析技法を用いた研究ではなく，そういう意味では時代遅れと評されることも多い。したがって，「湿原の保全」という目標の達成にあたっては，さらに最先端の技術を駆使したいろいろな切り口での研究成果が加わってこそ，初めてその方向性が探れるのであり，筆者の研究成果だけがそのまま直結するとはいいがたい。しかし，生物群集に関する研究と化学的環境に関する解析を同時に行い，これを結びつけて議論するという筆者の研究の切り口は，これまでの生物や環境的な要素を個別に扱ってきた研究を総合化された研究へと一歩前進させることができたのではないかと考えている。

湿原を保全する必要があるのかどうかの意見はさまざまであろうが，筆者自身はこのような研究を進めるなかで，湿原のもつ機能の重要性を強く認識し，保全の必要性をたいへん強く感じている。湿原の保全に関して，筆者や筆者が共同研究者とともに行ってきた研究がどのように貢献することができるのか，さらに残された課題は何かということをここで総括し，多彩な視野をもった読者の方々からご批判やご意見をいただくことにより，より保全に貢献する研究へと発展することをみずから期待して，この書物を執筆した。

筆者ももうしばらくは湿原に関する研究を続けるつもりでいる。研究対象とする湿原のすべてを明らかにすることは不可能であり，研究の切り口によって明らかにできること，不明のまま残ることが異なるので，研究に対する評価もさまざまであろう。また，研究手法の違いによっては，同じ目的に対しても異なる結論が得られる場合もあろう。しかし重要なことは，湿原は個々に特徴をもっており，共通の見方で多くの湿原を総合して議論することが難しいということをよく理解することである。したがって，対象とする湿原に応じて，その特徴を抽出し，これを理解するために適切な方法を見出すことから湿原の研究を始めなくてはならない。筆者は，湿原の多様性を多様な視点で眺め，知識を蓄積していくことを目的として湿原研究を続けていきたい。そして，何よりもこのような研究の重要性を認め，既成の観念にとらわれず，独創的な湿原研究を進めていく若い研究者が現れることを期待する。

2013 年 8 月

原口　昭

第２版では，九重の湿原の 10 年間の変化について加筆して紹介した。この研究では，湿原の植生や湿原をとりまく環境が，数年単位で大きく変化する事実をとらえることができたが，湿原をこのようにめまぐるしく変化する生態系として見ることは，湿原を守ってゆく上でとても重要であることを再認識している。時代遅れの研究と言われることもあるが，さまざまな姿をもつ湿原を，長い目で見守る研究にも目を向けてもらえれば，それが筆者の最高の喜びである。

2023 年 3 月

原口　昭

参考文献

1) Joosten, H. and D. Clarke: Wise use of mires and peatlands - background and principles including a framework for decision-making. NHBS, UK, 2002.

2) 阪口 豊: 泥炭地の地学. 東京大学出版会, 東京, 1974.

3) 鈴木静夫(監修): 湿原の生態学. 内田老鶴圃新社, 東京, 1973.

4) Hara, H.(editor in chief): Ozegahara — scientific research of the highmoor in Central Japan, Japan Society for the Promotion of Science, 1982.

5) 辻井達一: 湿原ー成長する大地. 中央公論社, 東京, 1987.

6) Mitsch, W. J., R. H. Mitsch and R. E. Turner: Wetlands of the old and new worlds: ecology and management. *In*: Global wetlands, old world and new, Mitsch, W. J.(ed) Elsevier, Amsterdam. 1994, pp. 3 — 56.

7) Shimada, S., H. Takahashi, A. Haraguchi and M. Kaneko: The carbon content characteristics of tropical peats in Central Kalimantan, Indonesia: Estimating their spatial variability in density. Biogeochemistry, 53: 249 — 267, 2001.

8) Page, S. E., F. Siegert, J. O. Rieley, H. V. Boehm, A. Jaya and S. Limin: The amount of carbon released from peat and forest fires in Indonesia during 1997. Nature, 420: 61 — 65, 2002.

9) 北海道自然保護協会: 道立自然公園総合調査(野付風蓮道立自然公園) 報告書. 1987.

10) 徳井由美: 近世の北海道を襲った火山噴火, 火山灰考古学(新井房夫 編). 古今書院, 東京, 1993, pp. 194 — 206.

11) Nishijima, H., T. Iyobe, F. Nishio, H. Tomizawa, M. Nakata and A. Haraguchi: Site selectivity of *Picea glehnii* forest on Syunkunitai sand spit, north eastern Japan. WETLANDS, 23: 406 — 415, 2003.

12) Yulianto, E., K. Hirakawa and Y. Kurashige: C-14 dates on peatland development and history of peatland fire around Palangkaraya, Central Kalimantan, Indonesia. *In*: Environmental conservation and land use management of wetland ecosystem in Southeast Asia, annual report for 2004 — 2005, Graduate School of Environmental Earth Science, Hokkaido University, Sapporo. pp. 157 — 166, 2005.

13) ホーテス・シュテファン: 霧多布湿原の形成過程・水文環境・植生に関する研究, 財団法人前田一歩園財団創立20周年記念論文集, *In*: 北海道の湿原(辻井達一, 橘ヒサ子 編著). 財団法人前田一歩園財団・北海道大学図書刊行会, 2002, pp.95 — 104.

14) Tsuyuzaki, S. and A. Haraguchi: Maintenance of an abrupt boundary between needle-leaved and broad-leaved forests in a wetland near coast. Journal of Forestry Research, 20: 91 — 98, 2009.

15) Yabe, K. and M. Numata: Ecological studies of the Mobara-Yatsumi Marsh. Main physical and chemical factors controlling the marsh ecosystem. Japanese Journal of Ecology, 34: 173 — 186, 1984.

16) 原口 昭: 霧多布湿原の水質に影響を及ぼす要因の解析. Kiritapp Reports(霧多布湿原センター紀要), 1: 9 — 15, 1997.

17) Mauchamp, A. and F. Mésleard: Salt tolerance in *Phragmites australis* populations from coastal Mediterranean marshes. Aquatic Botany, 70: 39 — 52, 2001.

18) Haraguchi, A., M. Akioka and S. Shimada: Does pyrite oxidation contribute to the acidification of tropical peat? — a case study in a peat swamp forest in Central Kalimantan, Indonesia. Nutrient Cycling in Agroecosystems, 71: 101 — 108, 2005.

19) Haraguchi, A., M. Shibasaki, M. Noda, H. Tomizawa and F. Nishio: Climatic factors influencing the tree-ring growth of *Alnus japonica* in Kiritapp Mire, Northern Japan. WETLANDS, 19: 100 — 105, 1999.

20) Briffa, K. R., T. S. Bartholin, D. Eckstein, P. D. Jones, W. Karlén, F. H. Schweingruber and P. Zetterberg: A 1,400-year tree-ring record of summer temperatures in Fennoscandia. Nature, 346: 434 — 439, 1990.

21) Hori, T.(ed.): Studies on fogs: in relation to fog-preventing forest. Tanne Trading, Sapporo, Japan, 1953.

22) 北海道新聞社(編): 北の天気. 北海道新聞社, 札幌, 1976.

23) 北海道自然保護協会：道立自然公園総合調査(野付風蓮道立自然公園) 報告書．1987．

24) 原口 昭：根室市落石のミズゴケ湿原の水質の概要．根室市博物館開設準備室紀要，8：29－34，1994．

25) 冨士田裕子・中田 誠・小島 覚：落石岬のアカエゾマツ湿地林の植生と土壌環境，財団法人前田一歩園財団創立20周年記念論文集，北海道の湿原(辻井達一，橘ヒサ子 編著)，財団法人前田一歩園財団・北海道大学図書刊行会，2002，pp. 107－119．

26) Daniels, R. E. and A. Eddy: Handbook of European Sphagna. Institute of Terrestrial Ecology, Huntingdon, UK, 1985.

27) Clymo, R. S. and P. M. Hayward.: The ecology of *Sphagnum*. *In*: A. J. E. Smith (ed.) Bryophyte Ecology. Chapman and Hall, London, England, 1982, pp. 229－289.

28) Giller, K. E. and B. D. Wheeler: Acidification and succession in a flood-plain mire in the Norfolk Broadland, U. K. Journal of Ecology, 76: 849－866, 1988.

29) Haraguchi, A.: Effect of pH on photosynthesis of five *Sphagnum* species in mires in Ochiishi, northern Japan. WETLANDS, 16: 10－14, 1996.

30) Haraguchi, A., T. Hasegawa, T. Iyobe and H. Nishijima: The pH dependence of photosynthesis and elongation of *Sphagnum squarrosum* and *S. girgensohnii* in the *Picea glehnii* mire forest in Cape Ochiishi, north-eastern Japan. Aquatic Ecology, 37: 101－104, 2003.

31) Dainty, J. and C. Richter: Ion behavior in *Sphagnum* cell walls. Advances in Bryology, 5: 107－127, 1993.

32) Wilschke, J., E. Hoppe and A. J. Rudolph: Biosynthesis of sphagnum acid. *In*: H. D. Zinsmeister, and R. Mues (eds.) Bryophytes; Their Chemistry and Chemical Taxonomy. Oxford Science Publications, Oxford, UK, 1990, pp. 253－263.

33) 舘脇 操：アカエゾマツ林の群落学的研究．北海道大学農学部附属演習林研究報告，13：1－181，1944．

34) 五十嵐八枝子・五十嵐恒夫・遠藤邦彦・山田 治・中川光弘・隅田まり：北海道東部根室半島・歯舞湿原と落石岬湿原における晩氷期以降の植生変遷史．植生史研究，10：67－79，2001．

35) Haraguchi, A., T. Iyobe, H. Nishijima and H. Tomizawa: Acid and sea-salt accumulation in coastal peat mires of a *Picea glehnii* forest in Ochiishi, eastern Hokkaido, Japan. WETLANDS, 23: 229 － 235, 2003.

36) Iyobe, T. and A. Haraguchi: Ion flux from precipitation to peat soil in spruce forest-*Sphagnum* bog communities in the Ochiishi district, eastern Hokkaido, Japan. Limnology, 9: 89－99. 2008.

37) Gorham, E.: The ionic composition of some bog and fen waters in the English Lake District. Journal of Ecology, 44: 142－152, 1956.

38) 西尾文彦，織田伸和，冨沢日出夫：霧多布湿原に発生する酸性霧－霧多布湿原にかかる霧は釧路よりも酸性化している－．釧路論集，27：169－184，1995．

39) 西尾文彦，松田和也，伊藤俊彦：酸性雨がコンクリートつららやエフロレッセンスの生成に及ぼす基礎的研究(1)．釧路論集，35：80－98，1996．

40) Iyobe, T., A. Haraguchi, H. Nishijima, H. Tomizawa and F. Nishio: Effect of fog on sea salt deposition on peat soil in boreal *Picea glehnii* forests in Ochiishi, eastern Hokkaido, Japan. Ecological Research, 18: 587－597, 2003.

41) Iyobe, T. and A. Haraguchi: Seasonal frost, peat, and outflowing stream-water chemistry in ombrogenous mires in Ochiishi, eastern Hokkaido, Japan. WETLANDS, 25: 449－461, 2005.

42) Goodison, B. E., P. Y. T. Loule and J. R. Metcalfe: Snowmelt acidic shock study in South Central Ontario. Water, Air and Soil Pollution, 31: 131－138, 1986.

43) 後藤芳彦・植村 滋・笹賀一郎・原口 昭・矢部和夫：北海道大学雨龍地方演習林クトンベツ湿原の構造と保全に関する総合研究．北海道大学演習林試験年報，15：11－13，1997．

44) Wolejko, L. and K. Ito: Mires of Japan in relation to mire zones, volcanic activity and water chemistry. Japanese Journal of Ecology, 35: 575－586, 1986.

45) Hotes, S., P. Poschlod, H. Takahashi, A. P. Grootjans and E. Adema: Effects of tephra deposition on mire vegetation: a field experiment in Hokkaido, Japan. Journal of Ecology, 92: 624－634, 2004.

46) Hotes, S., P. Poschlod, H. Sakai and T. Inoue: Vegetation, hydrology, and development of a coastal mire in Hokkaido, Japan, affected by flooding and tephra deposition. Canadian Journal of Botany, 79: 341 − 361, 2001.

47) Haraguchi, A: A Case study of a 10-year change in the vegetation and water environments of volcanic mires in south-western Japan. Water, 14: 4132, 2022. https://doi.org/10.3390/w14244132

48) Haraguchi, A. and A. Nakazono: Relationship between mire vegetation and volcanic activity: a case study in Tadewara Mire, a volcanic mire in the south-western Japan. Journal of Environmental Science and Engineering B, 1: 1416-1425, 2012.

49) Nakazono, A. and T. Iyobe: Relationship between mire vegetation and volcanic activity: a case study from Tadewara Mire, south-western Japan. Proceedings of the First SWS Asian Wetland Convention, pp. 157 − 161, 2008.

50) Kamata. H., H. Hoshizumi and Y. Kawanabe: Eruption history and volume change since 15,000 yBP at Kujyu Volcano − a case study associated with quadrangle geologic mapping on active volcanos. Chishitsu News, 498: 36 − 39, 1996.

51) Vleeschouwer, F. de, B. van V. Lanoé and N. Fagel: Long term mobilization of chemical elements in tephra-rich peat(NE Iceland). Applied Geochemistry, 23: 3819 − 3839, 2008.

52) Iyobe, T., A. Haraguchi, Y. Shinohara, M. Kawabata, A. Nakazono and E. Ryu: Effect of artificial fire on the stream water chemistry in a small mountainous peatland, south-western Japan. Proceedings of the First SWS Asian Wetland Convention. pp. 171 − 175. 2008.

53) Yusof, N., A. Haraguchi, Y. Shirai, M. A. Hassan and M. Wakisaka: Characteristics of leachate from selected MSW landfills and relationships with river water chemistry. Icfai Journal of Environmental Science, 2: 42 − 49, 2008.

54) Haraguchi, A., S. Uemura and K. Yabe: Effects of nutrient loadings from catchments on Asajino mire, a small coastal ombrotrophic mire in northernmost Japan. Ecological Research, 15: 107 − 112, 2000.

55) 辻井達一・橘　ヒサ子(編著)：財団法人前田一歩園財団創立20周年記念論文集，北海道の湿原，サロベツ湿原(第5章)．財団法人前田一歩園財団・北海道大学図書刊行会，2002．pp.121 − 145．

56) Nishimura A., S. Tsuyuzaki and A. Haraguchi: A chronosequence approach for detecting revegetation patterns after *Sphagnum*-peat mining, northern Japan. Ecological Research, 24(2): 237 − 246, 2009.

57) 深泥池学術調査団(編)：深泥池の自然と人−深泥池学術調査報告書．京都市文化観光局文化財保護課，1981．

58) 藤田　昇・遠藤　彰(編)：京都深泥池 氷期からの自然．京都新聞社，京都，1994．

59) 深泥池七人委員会編集部会(編)：深泥池の自然と暮らし，生態系管理をめざして．サンライズ出版，彦根，2008．

60) Van Duzer, C. A.: Floating Islands: A global bibliography. Cantor Press, Los Altos Hills, California. 2004.

61) Haraguchi, A. and K. Matsui: Nutrient dynamics in a floating mat and pond system with special reference to its vegetation. Ecological Research, 5: 63 − 79, 1990.

62) Haraguchi, A.: Rhizome growth of *Menyanthes trifoliata* L. in a population on a floating peat mat in Mizorogaike Pond, central Japan. Aquatic Botany, 53: 163 − 173, 1996.

63) 原口　昭：深泥池浮島に生育するミツガシワ(*Menyanthes trifoliata* L.)の種子生産について．水草研究会会報，44: 15 − 21，1991．

64) Frenzel, B.: Mires − repositories of climatic information or self-perpetuating ecosystems? *In*: A. J. P. Gore (ed.) Mires: Swamp, Bog, Fen and Moor, general studies(Ecosystems of the world 4A). Elsevier, Amsterdam, pp. 35 − 65, 1983.

65) Haraguchi, A.: Seasonal changes in oxygen consumption rate and redox property of floating peat in a pond in central Japan. Wetlands, 15: 242 − 246, 1995.

66) Haraguchi, A.: Phenotypic and phenological plasticity of an aquatic macrophyte *Menyanthes trifoliata* L.. Journal of Plant Research, 106: 31 − 35, 1993.

67) Haraguchi, A.: Seasonal changes in redox properties of peat, nutrition and phenology of *Menyanthes trifoliata* L. in a floating peat mat in Mizorogaike Pond, central Japan. Aquatic Ecology, 38: 351－357, 2004.

68) Haraguchi, A.: Effects of water-table oscillation on redox property of peat in a floating mat. Journal of Ecology, 79: 1113－1121, 1991.

69) Haraguchi, A.: Effect of flooding-drawdown cycle on vegetation in a system of floating peat mat and pond. Ecological Research, 6: 247－263, 1991.

70) Haraguchi, A.: Seasonal change in the redox property of peat and its relation to vegetation in a system of floating mat and pond. Ecological Research, 7: 205－212, 1992.

71) 浅田太郎・原口　昭：インドネシア共和国中央カリマンタン州におけるハリミズゴケの1変種 *Sphagnum cuspidatum* subsp. *subrecurvum* var. *flaccidifolium*（A. Johnson）A. Eddyの新産地．蘚苔類研究，9: 87－88, 2006.

72) Hayward, P. M. and R. S. Clymo: The growth of *Sphagnum*: experiments on, and simulation of, some effects of light flux and water-table depth. Journal of Ecology, 71: 845－863, 1983.

73) Haraguchi, A.: The photosynthesis of *Sphagnum*. ITE Letters on Batteries, New Technologies & Medicine, 8: 75－82, 2007.

74) Fürtig, K., A. Rüegsegger, C. Brunold, R. Brändle: Sulphide utilization and injuries in hypoxic roots and rhizomes of common reed（*Phragmites australis*）. Folia Geobotanica, 31: 143－151, 1996.

75) Haraguchi, A., T. Matsuda: Effect of salinity on seed germination and seedling growth of the halophyte Suaeda japonica Makino. Plant Species Biology, 33: 229-235, 2018.

76) Brake, S. S., H. K. Dannelly, K. A. Connors and S. T. Hasiotis: Influence of water chemistry on the distribution of an acidophilic protozoan in an acid mine drainage system at the abandoned Green Valley coal mine, Indiana, USA. Applied Geochemistry, 16: 1641－1652, 2001.

77) Lessmann, D., R. Deneke, R. Ender, M. Hemm, M. Kapfer, H. Krumbeck, K. Wollmann and B. Nixdorf: Lake Plessa 107（Lusatia, Germany）　－ an extremely acidic shallow mining lake. Hydrobiologia, 408/409: 293－299, 1999.

78) Haraguchi, A., H. Kojima, C. Hasegawa, Y. Takahashi and T. Iyobe: Decomposition of organic matter in peat soil in a minerotrophic mire. European Journal of Soil Biology, 38: 89－95, 2002.

79) Haraguchi, A., C. Hasegawa, A. Hirayama and H. Kojima: Decomposition activity of peat soils in geogenous mires in Sasakami, central Japan. European Journal of Soil Biology, 39: 191－196, 2003.

80) Welsiana, S., L. Yulintine, T. Septiani, L. Wulandari, Trisliana, Yurenfrie, S. H. Limin and A. Haraguchi: Composition of macrozoobenthos community in the Sebangau River Basin, Central Kalimantan, Indonesia. TROPICS, 21: 127－136, 2012.

81) Haraguchi, A.: Effect of sulfuric acid discharge on river water chemistry in peat swamp forests in Central Kalimantan, Indonesia. Limnology, 8: 175－182, 2007.

82) Vasander, H., E.-S. Tuittila, E. Lode, L. Lundin, M. Ilomets, T. Sallantaus, R. Heikkilä, M.-L. Pitkänen and J. Laine: Status and restoration of peatlands in northern Europe. Wetlands Ecology and Management, 11: 51－63, 2003.

索　引

ーさ行ー

ーた行ー

ーな行ー

ーは行ー

ーま行ー

ーや行ー

原口　昭（はらぐち　あきら）
北九州市立大学国際環境工学部教授
1961年生まれ。京都大学工学部卒業，京都大学大学院理学研究科植物学専攻博士課程修了。博士（理学）
専門：生態学，とくに湿原や河川の生物群集と化学的環境との相互関係の解析。
主な著書：「生態学入門」（2010年，生物研究社，編著）。ほか科学論文多数。

日本の湿原 －第2版－

2023年3月31日　第1刷発行

著　者　原口　昭

発行者　岡　健司
発行所　株式会社 生物研究社
〒108-0073　東京都港区三田2-13-9-201
電話　(03) 6435-1263
FAX　(03) 6435-1264
装　丁　株式会社 Live
印刷・製本　有限会社　タカラ加工

Printed in Japan
ISBN 978-4-909119-37-7 C3040

生態学入門－生態系を理解する　原口 昭：編著

A5 判・定価 本体 1,800 円（税別）

本書は生物学を専門としない理工系の学生や，文科系学生のための生態学のテキストです。

生態学のもっとも基礎的なもののなかから，生態学を初めて学ぶうえで必要な内容を精選し，また近年の環境問題にかかわる内容を含めた，生態学のエッセンスが凝集された一冊です。そしてまた実用的分野での活用を意識し，土壌や農林生態系など，近年とくに注目されている分野の記述を加えました。

環境分野で活躍する人々の基礎知識の充足のために，そして生態学の一般啓蒙書として，広くご活用下さい。